Pietro Martino

IMPIANTI A BIOGAS

CALCOLO E VERIFICA DELLA POTENZA ELETTRICA
PER UNA GESTIONE SOSTENIBILE

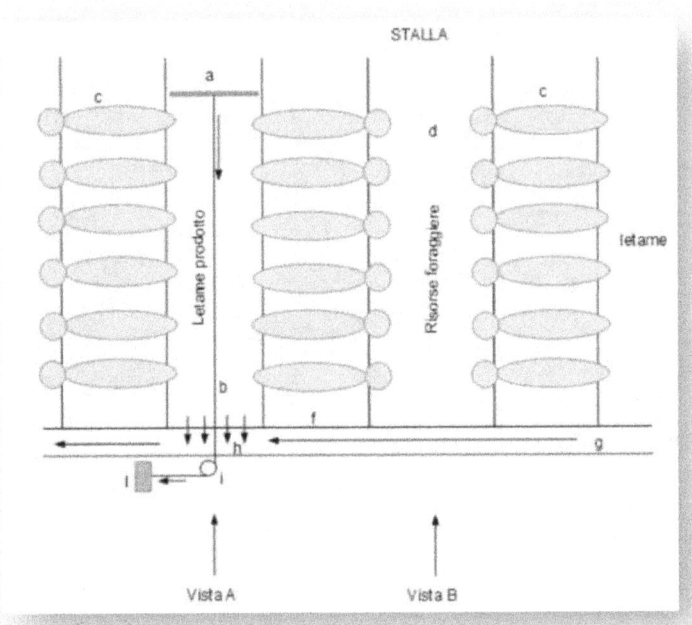

RSTM Edizioni

Copyright © 2024 Pietro Martino
RSTM edizioni
www.rsrtm.it
Tutti i diritti riservati.
Stampa LULU.COM
ISBN: 9-781326-755881

Produrre quanto basta.

L'eccesso è rifiuto tossico.

INDICE

Introduzione, 4

1 La fermentazione anaerobica per la produzione di metano, 7
1.1 energia rinnovabile da biomasse, 7
1.2 Conversione biochimica dalle biomasse, 8
1.3 Deassorbimento del metano prodotto nel reattore, 13
1.4 Il tempo di permanenza, 14
1.5 Carico organico volumetrico, 15
1.6 Carico organico riferito alla biomassa o ai solidi volatili nel reattore, 16
1.7 Produzione specifica di gas (SPG), 17
1.8 Velocità di produzione del biogas, 18
1.9 Efficienza di rimozione del substrato, 19

2 Reflui zootecnici e digestato, 18
2.1 Processo di ottenimento del digestato, 19
2.2 Utilizzo agronomico del digestato, 20
2.3 Quantificazione delle disponibilità di biomassa da effluenti per biogas, 21
2.4 Biomasse di origine agricola, 24
  2.4.1 Separazione solido-liquida, 24
2.5 Utilizzazione del digestato in un piano di concimazione, 25
2.6 Inquadramento normativo del digestato, 26
2.7 L'azoto nel digestato, 27

3 Impianti a biogas, 30
3.1 Impianti asserviti a aziende agro-zootecniche, 30
3.2 Caratteristiche del biogas, 31
3.3 Tipologie di impianti, 31
3.4 Sezioni di un impianto di biogas, 35
  3.4.1 Principali problemi degli impianti di biogas ad effluenti zootecnici, 42
  3.4.2 Parametri di funzionamento di un impianto di biogas, 43
  3.4.3 Uso del biogas, 44

3.5 La Resa in metano dalle biomasse, 47

4 Direttiva nitrati, 53
4.1 Digestato e direttiva nitrati, 53
4.2 Carta vulnerabilità dei suoli, 54
    4.2.1 Caratterizzazione pedologica, 56
    4.2.2 Adempimenti, 62
4.3 Calcolo spandimento digestato, 63
    4.3.1 Premessa, 63
    4.3.2 Calcolo dei fabbisogni colturali di azoto. Algoritmo di calcolo, 63
    4.3.3 Coefficiente di efficienza dei liquami provenienti da allevamento, 64
    4.3.4 MAS, 64

5 Energia e digestato da ipotesi di progetto, 66
5.1 Produzione e utilizzo di energia elettrica, 66

6 Ecosostenibilità impianti di biogas per allevamenti zootecnici, 70
6.1 Impianti di biogas ed emissioni di gas serra del settore agricoltura, 70
6.2 Effetto di riduzione di gas serra da una corretta progettazione dello stoccaggio del digestato, 72
    6.2.1 Riduzione di gas serra per corretto stoccaggio dei reflui e del digestato da impianti di biogas, 72
        6.2.1.1 Stoccaggio dei liquami non palabili (liquami), 72
    6.2.2 Stoccaggio dei liquami palabili (letame), 74
6.3 Criteri per una produzione sostenibile di energia da impianti di biogas, 75
    6.3.1 Il problema dell'origine delle materie prime in impianti di biogas in aziende agricole, 75
    6.3.2 Riduzione di gas serra per valorizzazione della CO_2 da impianti di biogas, 76

7 Casi studio, 81
7.1 Progettazione, 81

7.1.1 Schema di progetto, 84
7.1.2 Impianto reale di biogas in azienda zootecnica di allevamento bovini, 84
7.2 Indice di Valutazione Globale, IVG, 95
   7.2.1 Form IVG, 95
   7.2.2 Calcolo DIGICALC, 98
   7.2.3 Calcolo della potenza corretta (P*) di un impianto, 98
   7.2.4 Valutazione Globale dell'impianto: casi reali, 102
      7.2.4.1 IMPIANTO A, 102
      7.2.4.2 IMPIANTO B, 104
      7.2.4.3 IMPIANTO C, 106
7.3 Conclusioni, 107

8 Incentivi a sostegno delle energie rinnovabili, 110
8.1 Premessa, 110
8.2 Certificati verdi, 110
8.3 Qualifica IAFR degli impianti, 113
8.4 Quadro normativo di riferimento per le filiere a biogas, 114
8.5 Quadro normativo di riferimento per le energie rinnovabili, 115

9 Bibliografia, 120

Introduzione

Molte aziende agricole sono dotate di impianti di produzione di energia elettrica che in parte sfruttano sul posto per alimentare macchinari, illuminazione, ecc, e che in parte vendono direttamente al Gestore dell'energia elettrica, con ricavi economici direttamente proporzionali all'energia prodotta.

Fondamentalmente le aziende agricole producono energie da due diverse fonti rinnovabili: da impianti fotovoltaici sistemati sui tetti degli ampi capannoni e da impianti a biogas. Tuttavia, mentre il primo sistema di produzione è esente da problemi di sorta, una volta installato e ben progettato, ed è il sistema preferito di produzione elettrica per ovvi motivi, il secondo è il mezzo per risolvere più che la produzione di energia, il problema dei reflui zootecnici.

Infatti, gli impianti di produzione di energia elettrica da biogas, sono impianti realizzati quasi esclusivamente in aziende zootecniche. Il liquame prodotto è smaltito, nel rispetto della normativa, direttamente sul terreno come concimante. L'impianto di biogas, permette di trattare preventivamente questo liquame in modo da ottenere produzione di energia elettrica (e acqua calda) e solo successivamente spandere sul terreno il derivato di questo trattamento. Insomma il liquame tal quale, offre due opportunità di sfruttamento, mentre l'impianto di biogas è il mezzo per risolvere il problema dell'utilizzo diretto del liquame prodotto.

L'impianto a biogas è alimentato da una matrice cosiddetta di carico che dipende fondamentalmente dalle caratteristiche dell'azienda zootecnica. Se questa è una azienda di bovini, produrrà una matrice di liquami zootecnici provenienti da questa produzione, se è un'azienda avicola, i liquami provengono dall'allevamento di galline (per esempio). Tuttavia, alcune aziende, anche acquistando reflui da altre (magari più piccole), procedono alla costruzione della matrice da destinare al digestore dell'impianto, da alchimie che solo il tempo e l'esperienza hanno insegnato al gestore dell'impianto. Questo miscuglio è dunque la migliore soluzione per ottenere un digestato con il giusto tenore di N.

La nuova procedura di calcolo della potenza elettrica di un impianto di biogas, in questa testo proposta come algoritmo originale, collegata alla valutazione globale dell'impianto, attraverso un indice di valutazione, permette di identificare la giusta dimensione del digestore e soprattutto della giusta quantità di digestato da ottenere affinchè l'azienda agrozootecnica sia sicura di poterlo spandere sui propri terreni in modo equo e sostenibile.

PM Novembre 2024

1 LA FERMENTAZIONE ANAEROBICA PER LA PRODUZIONE DI METANO

1.1 ENERGIA RINNOVABILE DA BIOMASSE.

Per far fronte alle grandi quantità di energia elettrica che ogni anno si consumano nei Paesi europei, da più di 20 anni si utilizzano particolari impianti che producono metano dalla digestione anaerobica delle acque reflue e da discariche di rifiuti. Solo nel 2011, in questi Paesi il consumo di energia elettrica è stato di circa 5.500 kWh (consumo medio) per abitante. In Italia, sono stati consumati nello stesso anno circa 4.900 kWh per abitante (un po' meno della media europea).

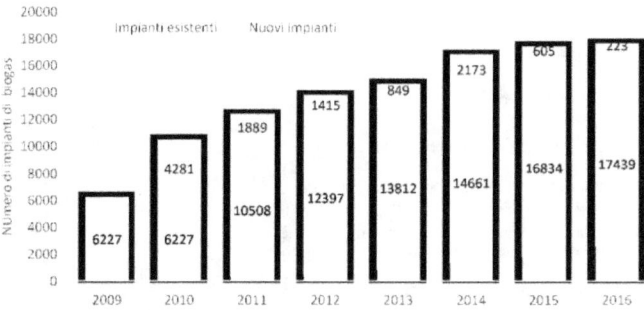

Fig. 1.1 – evoluzione impianti di biogas in Europa (Deremince, dicembre 2017)

I cambiamenti climatici sono stati innescati, secondo molti autori, da inquinamento da fonti fossili utilizzati per produrre energia e per lo spostamento civile di merci, che è dunque il mag-giore responsabile dell'aumento di temperatura dovuto all'effetto serra dell'anidride carbonica nell'atmosfera.

La ricerca di processi tecnologici che consentano di ricavare energia non fossile, cosiddetta rinnovabile, è negli ultimi anni diventata un imperativo per cercare di ridurre emissioni inquinanti e cercare negli anni a venire di ridurre l'effetto serra. Oltre al fotovoltaico e al solare termico, all'eolico, molte tecnologie impiegano biomasse per la produzione di energia elettrica e di acqua calda. Le biomasse utilizzabili provengono da *parte biodegradabile dei prodotti, rifiuti e residui provenienti dall'agricoltura (comprendente sostanze vegetali e animali), dalla silvicoltura e dalle industrie connesse, nonché la parte biodegradabile dei rifiuti industriali ed urbani.*

Tuttavia è opportuno fare un distinguo tra energie rinnovabili che potremmo chiamare pure (solare fotovoltaico, termico, eolico, geotermico) ed energie rinnovabili da prodotti che in fin dei conti sono assimilabili a fonti fossili, ma non propriamente classificabili come idrocarburi come le biomasse. Infatti le biomasse sono accumuli di energia solare dovuti all'attività fotosintetica di piante come del resto è lo stesso petrolio o il carbone fossile. Negli impianti si utilizza quello che è considerato prodotto derivato da attività produttive agricole e agrozootecniche e di produzione di rifiuti civili. Per tale motivo, i reflui zootecnici sono assimilabili alle biomasse.

Fig. 1.2 – Percentuale di impianti a biogas in Italia distinti per tipologia di matrice.

A seconda della loro origine le biomasse vengono quindi divise in:
- biomasse di origine forestale e agroforestale: residui delle operazioni selvicolturali o delle attività agroforestali, utilizzazione di boschi cedui. Produzione di biomassa vegetale da lavorazioni agricole: potature, ecc.
- biomasse di origine agricola: colturali, provenienti dall'attività agricola o dalle colture dedicate di specie lignocellulosiche, oleaginose e zootecniche, reflui zootecnici;

- Biomasse industriali: residui provenienti dalle industrie del legno, della carta, ed agroalimentari;
- Biomasse da contesto urbano: residui delle operazioni di manutenzione del verde e frazione umida dei rifiuti solidi urbani, quest'ultima proveniente da raccolta differenziata.

1.2 CONVERSIONE BIOCHIMICA DELLE BIOMASSE.

La conversione biochimica propria delle biomasse è dovuta alla presenza di enzimi, funghi e altri micro-organismi che danno luogo a reazioni chimiche di digestione o fermentazione. La digestione anaerobica è il processo biochimico che interessa la produzione di digestato e la produzione di biogas in appositi impianti.

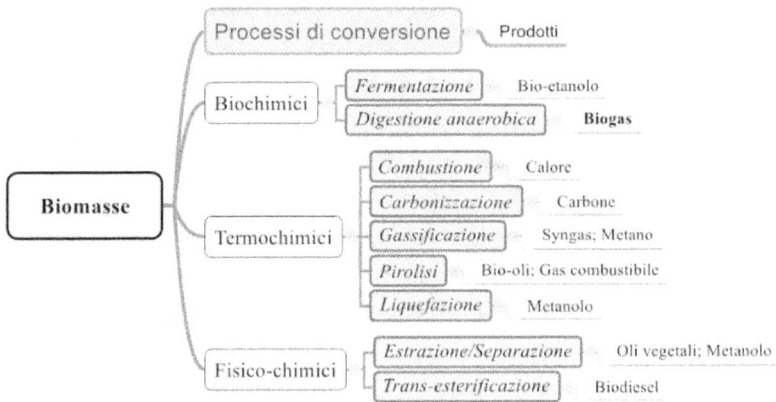

Fig. 1.3 – Biomasse e processi di conversione

Dalla figura 1.3, i processi di conversione delle biomasse possono essere raggruppate sostanzialmente in tre macrogruppi di conversione: biochimici, termochimici e fisico-chimici. La digestione anaerobica appartiene al primo di questi macrogruppi e il prodotto di questo processo di conversione è appunto il biogas.

Secondo Bickel (1995) la fermentazione del metano ottenuto dalle biomasse, segue una equazione chimica del tipo:

$$C_cH_hO_oN_nS_s + yH_2O\, xCH_4 \rightarrow xCH_4 + nNH_3 + sH_2S + (c-x)CO_2$$

Dove i coefficienti x e y sono ottenuti dalle seguenti equazioni, dipendenti dal grado di complessità dell'idrocarburo:

$x = 1/8(4c + h - 2o - 3n - 2s)$
$y = 1/4(4c - h - 2o + 3n + 2s)$

Il reagente della reazione (primo addendo):

$C_c H_h O_o N_n S_s$
Può essere:

Carboidrato: $C_6H_{12}O_6 \longrightarrow 3CO_2 + 3CH_4$
Grasso: $C_{12}H_{24}O_6 + 3H_2O \longrightarrow 4.5CO_2 + 7.5CH_4$
Proteine: $C_{13}H_{25}O_7N_3S + 6H_2O \longrightarrow 6.5CO_2 + 6.5CH_4 + 3NH_3 + H_2S$

Nel processo di formazione di materiale organico tramite la *fotosintesi*:

$CO_2 + H_2O +$ energia solare $\longrightarrow CH_2O + O_2$

il bilancio energetico della reazione è:

$-394 kJ - 237 kJ +$ energia libera $\Delta G'_f / mol \longrightarrow -153\ kJ + 0 kJ$

Con:

$\Delta G'_f = 478 kJ\ mol^{-1}$ a pH = 7

Il processo di *degradazione del materiale organico in biogas* è schematizzato dalla seguente reazione:

$CH_2O \longrightarrow 0.5 CH_4 + 0.5 CO_2$

e il relativo bilancio energetico è:

$-153 kJ \longrightarrow 0.5(-51 kJ) + 0.5(-394 kJ)$

Con:

$$\Delta G'_f = -70 kJ\ mol^{-1}$$

Per la *combustione del metano*, la reazione tipica è la seguente:

$$0.5 CH_4 + O_2 \rightarrow 0.5 CO_2 + H_2O$$

E il relativo bilancio energetico è:

$$0.5(-51 kJ) + 0 kJ \rightarrow 0.5(-394 kJ) + (-237 kJ)$$

Con:

$$\Delta G'_f = -408 kJ\ mol^{-1}$$

L'energia rilasciata durante la combustione del biometano è teoreticamente pari all'energia necessaria al processo di fotosintesi sottratta dell'energia libera di formazione del biogas. Tuttavia, il calore rilasciato durante la formazione del biogas non è mai completamente riutilizzato e la conversione è incompleta.

Ad esempio nel ciclo di 1 kmol di zucchero si ottengono 408 kJ/mol corrispondenti all'85% dell'energia libera contenuta inizialmente. Ciò mostra come una piccola parte del contenuto energetico venga rilasciato durante la digestione anaerobica. Tenendo presente che affinché la reazione avvenga è necessaria una temperatura di 40-60°C si evince che i bioreattori devono essere riscaldati e ben isolati. Il prodotto residuo della digestione anaerobica è chiamato digestato. [2]

La produzione di metano avviene per opera di organismi particolari, detti *metanigeni*, che lo sintetizzano per tre vie diverse:

- **acetotrofica:** $CH_3COOH \rightarrow CO_2 + CH_4$
- **idrogenotrofica:** $CO_2 + 4H_2 \rightarrow CH_4 + 2H_2O$
- **metilotrofica:** $4CH_3OH + 6H_2 \rightarrow 3CH_4 + 2H_2O$

La metanogenesi è influenzata dai seguenti parametri:

- *Temperatura*: la digestione anaerobica può avvenire secondo delle condizioni di processo, e cioè a seconda se le condizioni ambientali sono termofile, mesofili e psicrofili (cfr, Fig.2.2).

Temperatura di processo	Tempi di permanenza[1] (giorni)
- in condizioni di termofilia = 50-55 °C	14 - 16
- in condizioni di mesofilia = 30-35 °C	15 - 50
- in condizioni di psicrofilia o "a freddo" < 20°C	60 - 120

Fig. 1.4 – Temperatura di processo e tempi di permanenza nel digestore della sostanza organica. ([1] per reflui zootecnici)

Nella digestione anaerobica vengono coinvolti diversi gruppi di batteri (Fig. 2.3) la cui azione sulla matrice organica avviene con una sequenza di fasi in successione (tuttavia, non completamente separate le une dalle altre ma in lieve sovrapposizione). Le fasi che si susseguono sono: idrolisi a cura di batteri idrolitici e alcuni funghi; segue la fase di fermentazione con impiego di batteri acidogeni, acetogeni e omoacetogeni; e si conclude con l'ultima fase, la più importante, con la produzione di metano, utilizzando batteri metanigeni.

La temperatura ottimale per velocizzare la produzione di metano, e quindi minimizzare i tempi di ritenzione, è compresa tra 35 e 55° C; al di sotto dei 10° C l'attività è molto ridotta, mentre a temperature superiori ai 65° C si ha la morte delle cellule.

- pH. È un parametro molto importante ed è correlato con le reazioni enzimatiche coinvolte nei microrganismi del processo. Molti autori concordano nel ritenere che il valore di pH ottimale per le reazioni di digestione anaerobica, oscilli tra 6.8 e 7.2 (Hagos K., 2016; C-f Liu, 2008).

Quando il pH diminuisce all'interno della camera di fermentazione (e l'anidride carbonica aumenta) la fermentazione non è ottimale e per ovviare a questo inconveniente si adottano le seguenti misure:
  o non immettere altro materiale. Il surplus di acido verrà smaltito dai batteri metanogenetici;
  o incrementare il tempo di permanenza;
  o abbassare chimicamente il pH con alcali;

o   diluire con acqua;
o   svuotare e riavviare il fermentatore.

t=0	Fase 1: Idrolisi	Batteri idrolitici e Funghi (*Penicillium, Aspergillus, Rhizopus*)	Agiscono sulle macromolecole biodegradabili trasformandole in molecole più semplici.
Tempo di permanenza	Fase 2: Fermentazione	Batteri acidogeni	Utilizzano i composti organici semplici, derivanti dall'azione dei batteri idrolitici, producendo acidi organici a catena corta.
		Batteri acetogeni	Sono produttori obbligati di H_2 *(OHPA - Obbligate Hydrogen Producing Acetogens)* a partire dagli acidi organici prodotti dagli acidogeni, producono acetato, H_2 e CO_2.
		Batteri omoacetogeni	Utilizzano CO_2 e H_2 per sintetizzare acetato.
t	Fase 3: Metanogenesi	Batteri metanigeni[2] (*Methanobacterium, Methanococcus, Methanosarcina*)	**Idrogenotrofi** A partire da CO_2 e H_2 producono CH_4. Il metano viene liberato in fase di gas (grazie alla sua scarsa solubilità in H_2O); la CO_2 partecipa alle reazioni in relazione all'equilibrio con i carbonati presenti.
			Acetoclastici Dal metabolismo dell'acido acetico producono CH_4 e CO_2.

Fig. 1.5 – Fasi del processo di fermentazione.

- Produzione di idrogeno. Si è visto prima che questa può essere acetogenetica e metanogenetica. La produzione e il consumo sono strettamente correlati. La fase acetogenica produce idrogeno che viene consumato nella fase metanogenica.

1.3   DEASSORBIMENTO DEL METANO PRODOTTO NEL REATTORE.

È interessante notare che durante la fase metanigena, il metano prodotto passa direttamente alla fase gassosa poiché fondamentalmente insolubile nel digestato, mentre la CO_2 partecipa alla formazione di acido carbonico che agisce da sistema tampone e l'idrogeno, anch'esso insolubile, non viene rilasciato con il metano poiché è utilizzato interamente come reagente nella produzione di metano.

È possibile calcolare la velocità di trasferimento di massa del metano dalla fase liquida a quella gassosa. Dalla equazione che la definisce (legge di Fick), è facile desumere che la velocità con la quale una bolla di metano lascia il liquido (digestato) è funzione tramite un coefficiente di proporzionalità, della superficie stessa della bolla e della differenza di concentrazione della molecola nella fase liquida e in quella gassosa, applicando l'equazione:

$$dS/dt = K_L * a * (S - P_p/H)$$

Con:
- dS/dt è la velocità di trasferimento del gas dalla fase liquida a quella gassosa;
- S è la concentrazione del gas disciolto nel liquido;
- K_L è una costante di trasferimento di massa globale;
- a è la superficie specifica della bolla di gas;
- P_p è la pressione parziale del gas;
- H è la costante di Henry[1].

Il processo è chiamato **deassorbimento**.

1.4 IL TEMPO DI PERMANENZA.

Il tempo medio di residenza idraulico (HRT) viene definito come il rapporto tra il volume del reattore considerato e la portata di alimentazione al reattore:

$$HRT = V/Q$$

dove:

HRT, tempo medio di residenza idraulico, [giorni];
V, volume del reattore, [m3];

---

[1] La legge di Henry regola la solubilità dei gas in un liquido: *un gas che esercita una pressione sulla superficie di un liquido vi entra in soluzione finché avrà raggiunto in quel liquido la stessa pressione che esercita sopra di esso.* In formula: P_p (pressione parziale del gas) = H*C (concentrazione di una certa sostanza). Ovvero che a temperatura costante, la solubilità di un gas è direttamente proporzionale alla pressione che il gas esercita sulla soluzione. Raggiunto l'equilibrio, il liquido si definisce saturo di quel gas a quella pressione. Tale stato di equilibrio permane fino a quando la pressione esterna del gas resterà inalterata, altrimenti, se essa aumenta, altro gas entrerà in soluzione; se diminuisce, il liquido si troverà in una situazione di sovrasaturazione e il gas si libererà tornando all'esterno fino a quando le pressioni saranno nuovamente equilibrate.

Q, portata al reattore, [m3 /giorno].

Esso rappresenta, in senso stretto per i soli reattori ideali, il tempo di permanenza di ogni elemento di fluido all'interno di un reattore.

Il tempo medio di residenza dei fanghi (SRT) è il rapporto tra la massa totale di solidi volatili[2] presenti nel reattore e la portata di solidi estratta dal reattore.

$$SRT = V*X / W$$
dove:

SRT, tempo medio di residenza dei fanghi, [giorni];
V, volume del reattore, [m^3];
X, concentrazione dei solidi volatili all'interno del reattore, [kgTVS/m^3];
W, portata di sostanza volatile estratta dal reattore, [kgTVS/giorno].

1.5 Carico organico volumetrico.

Il carico organico volumetrico di substrato è definito come la quantità di substrato entrante nel reattore riferita all'unità di volume del reattore nell'unità di tempo:

$$OLR = Q*S / V$$

dove:

OLR, fattore di carico organico volumetrico in termini di substrato riferito al volume del reattore, [kgsubstrato/m^3 reattoregiorno];
Q, portata influente, [m^3 /giorno];
S, concentrazione di substrato nella portata influente, [kg/m^3];
V, volume del reattore, [m^3].

---

[2] Solidi totali volatili: la frazione di sostanza secca che risulta volatilizzata per combustione a 550 °C fino a peso costante. Questi rappresentano, in prima approssimazione la frazione organica della sostanza secca, calcolata come differenza dei valori di TS e TFS (solidi totali fissi) che rappresentano la 20 frazione inerte, costituita per lo più, da composti inorganici, misurata per pesata dopo il trattamento a 550 °C.

1.6 Carico organico riferito alla biomassa o ai solidi volatili nel reattore.

È definito come la quantità di substrato entrante nel reattore riferita alla quantità di sostanza volatile presente nel reattore nell'unità di tempo:

$$CF = Q*S / V*X$$

dove:

CF, fattore di carico organico in termini di substrato (riferito alla biomassa o a i solidi volatili nel reattore), [kgsubstrato/kgTVSgiorno];
Q, portata influente, [m³/giorno];
S, concentrazione di substrato nella portata influente, [kgTVS/m³];
V, volume del reattore, [m³];
X, concentrazione dei solidi volatili all'interno del reattore, [kgTVS/m³].

Questo parametro è di difficile uso nella comparazione delle prestazioni dei diversi processi di digestione anaerobica in quanto è complesso distinguere il contenuto della sostanza volatile nel reattore associabile alla biomassa attiva rispetto al substrato [2].

1.7 Produzione specifica di gas (SGP)

Rappresenta la quantità di biogas che viene prodotta per quantità di sostanza volatile fornita al reattore. Si utilizza per definire le rese dei processi di digestione anaerobica è strettamente correlato alla più alla biodegradabilità del substrato trattato che alle proprietà del processo adottato.

$$SGP = Q_{biogas} / Q*S \text{ [m}^3 \text{ biogas/kgsubstratoalimentato]};$$

dove:

Q_{biogas}, portata di biogas prodotto, [m³/giorno];
Q, portata influente, [m³/giorno];
S, concentrazione di substrato nella portata influente, [kg substrato/m³].

1.8 VELOCITÀ DI PRODUZIONE DEL BIOGAS.

È definita come la portata di biogas prodotto rispetto al volume del reattore ed al tempo:

$$GPR = Q_{biogas} / V$$

dove:

GPR, velocità di produzione del biogas, [m³ biogas /m³ reattore-giorno];
$Qbiogas$, portata di biogas prodotto, [m³ /giorno];
V, volume del reattore, [m³].

1.9 EFFICIENZA DI RIMOZIONE DEL SUBSTRATO

La relazione per la conversione del substrato in biogas è data dalla relazione:

$$\eta\% = ((Q*S) - (Q*Se)) / Q*S$$

dove:

η, percentuale di solidi totali volatili rimossi, [%];
Q, portata influente ed effluente, [m³ /giorno];
S, concentrazione di solidi totali volatili nella portata influente, [kg/m³];
Se, concentrazione di solidi totali volatili nella portata effluente calcolata come differenza tra la massa entrante ed il biogas prodotto (flussi di più facile quantificazione), [kg/m³].

2 REFLUI ZOOTECNICI E DIGESTATO

2.1 PROCESSO DI OTTENIMENTO DEL DIGESTATO

Il processo che porta alla formazione del prodotto residuo della digestione anaerobica nel digestore di un impianto di biogas è rappresentato schematicamente dalla figura 3.1.

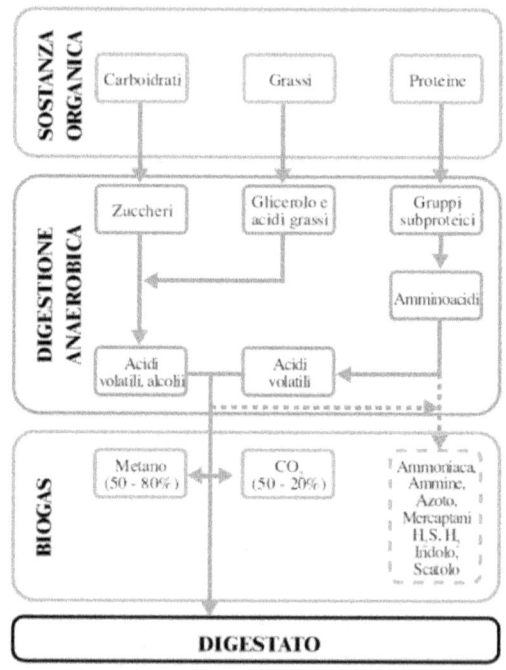

Fig. 2.1 – Processo di formazione del digestato.

Carboidrati, grassi e proteine sono i prodotti che compongono la miscela di rifornimento del digestore in un impianto a biogas. Questi prodotti, vengono miscelati dal gestore dell'impianto a secondo dalle loro disponibilità in azienda o secondo uno schema preciso e collaudato.

La matrice di immissione è quella che determina la produzione di biogas e anche della quantità di metano prodotto. Ma questa miscela di prodotti determina anche la qualità del digestato prodotto, in termini di contenuto di azoto che è un parametro importante nella distribuzione del digestato sui terreni per il suo utilizzo come prodotto concimante.

2.2 Utilizzo agronomico del digestato

L'agricoltura, con sempre maggiore evidenza, è chiamata ad assumere un nuovo ruolo multifunzionale. Alla tradizionale funzione di produzione di beni alimentari di qualità, deve associarsi quello di fornitrice di servizi finalizzati alla salvaguardia delle risorse naturali quali acqua e suolo.

L'inquinamento idrico è favorito da quei metodi di produzione agricola intensiva (agrumi – ortofrutta – patate ecc.) e da una maggiore concentrazione di bestiame in piccoli appezzamenti.

La direttiva 91/676/CEE (direttiva nitrati) recepita in Italia con D.L. 152/99, si pone come obbiettivo la riduzione dell'inquinamento delle acque superficiali e delle falde acquifere, causato direttamente o indirettamente da nitrati di origine agricola.

La Regione Calabria, attraverso l'Agenzia Regionale per lo Sviluppo e per i Servizi in Agricoltura ha provveduto alla delimitazione delle aree vulnerabili da nitrati (BURC 26 maggio 2006) e all'adozione di un programma d'azione (D.G.R. 393 del 6 giugno 2006) e successivamente modificata con D.G.R. 623 del 28 settembre 2007.

Con il Decreto 25 febbraio 2016, il Ministero delle politiche agricole alimentari e forestali, ha decretato i "Criteri e norme tecniche generali per la disciplina regionale dell'utilizzazione agronomica degli effluenti di allevamento e delle acque reflue, nonché per la produzione e l'utilizzazione agronomica del digestato."

Grande importanza per la capacità di attenuazione dell'effetto inquinante è rappresentata dal suolo.

Il suolo, annovera fra le sue funzioni, quello di barriera nei confronti di potenziali inquinanti idrosolubili.

La capacità dei suoli di evitare o limitare l'inquinamento delle acque sotterranee è rappresentata dalle seguenti caratteristiche:
1) Profondità del suolo: la capacità protettiva aumenta con la profondità del suolo;
2) permeabilità: le principali caratteristiche del suolo che influiscono sulla velocità di infiltrazione idrica sono (tessitura, porosità e tipo di aggregazione);

3) granulometria: variando la granulometria del suolo; dalle classi più fini a quelle più grossolane, diminuisce la capacità protettiva del suolo;
4) la capacità protettiva del suolo diminuisce col diminuire del suo spessore. Questo fattore rappresenta un elemento negativo, maggiormente per le zone di pianura ed in particolare per le aree vulnerabili dove le falde acquifere essendo poco profonde facilmente possono essere inquinate da un eccesso di azoto.
5) il pH (grado di acidità del suolo) assume una capacità protettiva in quanto, condiziona la mobilità degli elementi.
6) l'insaturo: per insaturo si intende la parte del sottosuolo compresa tra la base del suolo e la zona satura dell'acquifero. L'insaturo dopo il suolo rappresenta un secondo elemento di protezione degli acquiferi nei confronti degli inquinanti idroveicolanti;

Negli ultimi anni sta assumendo sempre maggiore importanza l'uso di effluenti di allevamento, generalmente in miscela con biomassa vegetale, per la produzione di energia. Il processo di digestione anaerobica degli effluenti, oltre a garantire la produzione di biogas, permette di un ottenere un materiale di risulta, denominato digestato, che conserva elevato valore fertilizzante e il cui utilizzo come concime, nel rispetto delle regole di buona pratica agronomica, può risultare importante.

Il processo di digestione anaerobica consiste nella degradazione in assenza di ossigeno della sostanza organica contenuta nell'ingestato (materiale in ingresso costituito da effluenti di allevamento e/o biomassa vegetale). Il digestato, con il metano, la CO_2 ed altri gas minori è uno dei sottoprodotti di questo processo. Durante la digestione anaerobica peraltro i composti azotati presenti nell'ingestato non vengono eliminati, ma solo parzialmente trasformati da una forma in un'altra e si ritrovano quindi integralmente nel digestato.

All'Art. 3 il Decreto 25/02/2016 alla lettera d) definisce: "liquami" come effluenti di allevamento non palabili. Sono assimilati ai liquami i digestati tal quali [...]; alla lettera e) lo stesso decreto definisce "letami" gli effluenti di allevamento palabili, provenienti da allevamenti che impiegano la lettiera. Sono assimilati ai letami, le frazioni palabili dei digestati, [...].

Il Decreto richiamato, all'Art. 22, comma 3 precisa che ai fini del decreto, il **digestato agrozootecnico** è prodotto con materiali e sostanze di cui al comma 1, lettere a), b), c) e h). Il **digestato agroindustriale** è prodotto con i materiali di cui al comma 1, lettere d), e), f) e g), eventualmente anche in miscela con materiali e sostanze di cui al comma 1, lettere a), b), c) e h).

2.3 QUANTIFICAZIONE DELLE DISPONIBILITÀ DI BIOMASSA DA EFFLUENTI PER BIOGAS

Nel capitolo 4 si analizzerà approfonditamente il funzionamento di un impianto a biogas. In questi impianti sia i reflui zootecnici, che le biomasse provenienti da colture dedicate e quelle dei residui colturali, entrano o possono entrare nel processo di codigestione per la produzione di energia elettrica o di gas metano e per la produzione di digestato per utilizzo agronomico.

I reflui sono il prodotto di scarto degli allevamenti zootecnici e sono dipendenti dalla tipologia di allevamento: bovino, suinicolo, avicolo.

Il digestato è un prodotto ottenuto in seguito a profonde modificazioni biologiche e chimiche. Rispetto al materiale di origine il digestato è caratterizzato da:

- sostanza organica ad alta stabilità biologica;
- sostanza organica con alta concentrazione di molecole cosiddette recalcitranti (humus-precursori);
- azoto prontamente disponibile (alta concentrazione di azoto ammoniacale: 50-70% sull'azoto totale);
- azoto organico contenuto in molecole complesse.

Le deiezioni zootecniche sono distinguibili a secondo della loro palabilità in deiezioni propriamente palabili (letami) e quelli non palabili ma considerati come pompabili (liquami). La distinzione come è comprensibile avviene quando si considera la sostanza secca.

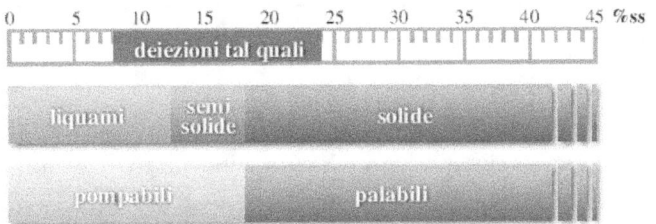

Fig. 2.2 – deiezioni zootecniche in relazione al contenuto di sostanza secca.

I principali liquami utilizzati nei processi di digestione anaerobica sono quelli provenienti da allevamenti zootecnici indicati nella figura 3.3. che indica anche le rispettive caratteristiche chimiche.

Negli impianti di digestione anaerobica, i liquami possono essere utilizzati tal quali anche per la facilità del trasporto all'interno del digestore che avviene con semplice pompa. Ma i letami, per il loro contenuto di sostanza secca e per la loro trasportabilità attraverso trasporto meccanico con pala meccanica, non possono essere utilizzati tal quali ma devono essere premiscelati con matrici più liquide.

Specie in allevamento	Contenuto di s.s.	Solidi volatili	Azoto[1]	Fosforo[2]	Potassio[3]	Rame	Zinco
	% su t.q.	% su s.s.	kg/t_{tq}	kg/t_{tq}	kg/t_{tq}	mg/kg_{ss}	mg/kg_{ss}
Bovini da latte	10 - 16	75 - 85	3,9 - 6,3	1,0 - 1,6	3,5 - 5,2	40 - 70	150 - 750
Bovini da carne	7 - 10	75 - 85	3,2 - 4,5	1,0 - 1,5	2,4 - 3,9	40 - 70	150 - 750
Vitelli carne bianca	0,6 - 2,9	60 - 75	1,3 - 3,1	0,1 - 1,8	0,4 - 1,7	30 - 60	600 - 1100
Suini	1,5 - 6,0	65 - 80	1,5 - 5,0	0,5 - 2,0	1,0 - 3,1	250 - 800	600 - 1000
Ovaiole	19 - 25	70 - 75	10,0 - 15,0	4,0 - 5,0	3,0 - 7,5	40 - 130	390 - 490

1) Azoto (N) totale Kjeldahl (N organico + N ammoniacale)
2) Fosforo (P) totale:
3) Potassio (K) totale

Fig. 2.3 – Caratteristiche chimiche di alcuni liquami utilizzati nella digestione anaerobica prodotti da diversi allevamenti zootecnici.

Tipo di materiale	Sostanza secca (%)		Solidi volatili (% di s.s.)		Azoto (% di s.s.)	
	da	a	da	a	da	a
Letame bovino	11	25	65 - 85	85	1,2	2,8
Letame suino	20	28	75 - 90	90	1,8	2,0
Letame avicolo*	60	80	75 - 85	85	4,3	6,7
Pollina preessiccata	40	80	60 - 70	70	3,4	6,4
Letame ovino	22	40	70 - 75	75	6	11

* Lettiera esausta di polli e faraone da carne

Fig. 2.4 – sostanza secca, solidi volatili e azoto contenuto in alcuni letami.

Prove sperimentali di campo hanno dimostrato che non ci sono differenze tra effluente di allevamento conservato in vasche di stoccaggio e effluente di allevamento digerito anaerobicamente per quanto riguarda la potenzialità a fornire azoto per la crescita delle colture. L'alta concentrazione di azoto ammoniacale presente nel digestato comporta tuttavia la necessità di distribuzione in pre-semina con immediato interramento per limitare le perdite di volatilizzazione dell'ammoniaca.

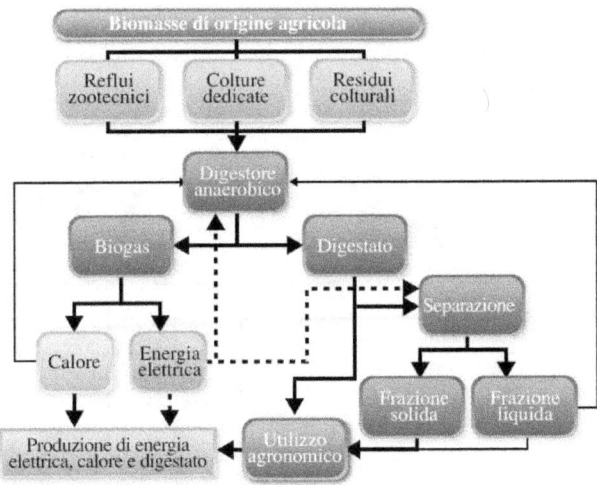

Fig. 2.5 – Processo di codigestione delle biomasse di provenienza agricola.

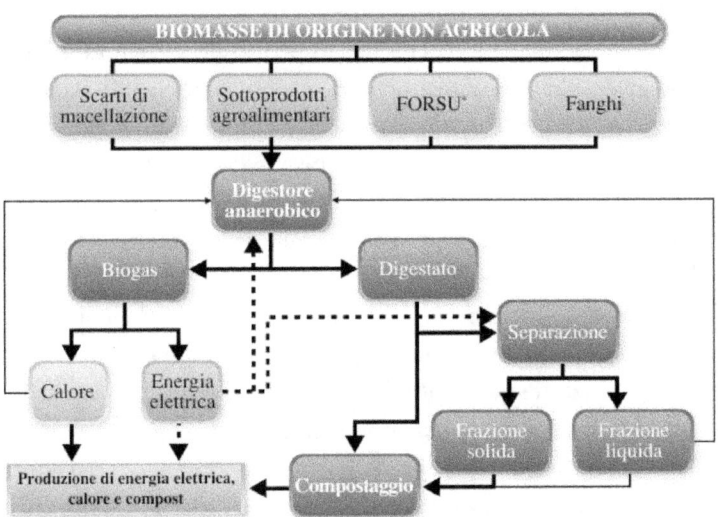

* Frazione Organica dei Rifiuti Urbani

Fig. 2.6 – Biomasse di origine non agricola e loro processo di trasformazione in impianti di biogas (dal web)

2.4 BIOMASSE DI ORIGINE AGRICOLA

In molti impianti, per mancanza di prodotto primario dell'azienda o per aumentare la tessitura della matrice o, ancora, per smaltire sovrapproduzione di alcune colture, è praticata la codigestione con alcuni substrati (reperibili in azienda o provenienti da terzi).

Le caratteristiche di colture più comunemente utilizzate sono riportate in figura 2.7.

Substrati	Sostanza secca (%)		Solidi volatili (% di s.s.)		Azoto (% di s.s.)	
	da	a	da	a	da	a
Insilato di mais	20	35	85	95	1,1	2,0
Insilato di sorgo	18	37	89	93	1,4	1,9
Segale integrale	30	35	92	98	3,8	4,2
Barbabietola da zucchero	21	25	90	95	2,4	2,8
Colletti e foglie di barbabietola	14	18	75	80	0,2	0,4
Erbasilo	25	35	70	95	2,0	3,4
Trifoglio	19	21	79	81	2,6	3,8

Fig. 2.7 – Valori di riferimento si sostanza secca, solidi volatili e azoto in alcuni substrati agricoli più comuni.

2.4.1 Separazione solido-liquida

Il digestato tal quale in uscita dall'impianto di digestione anaerobica andrebbe preferibilmente sottoposto ad un processo di separazione solido/liquida. La frazione liquida può essere utilizzata per fertirrigazione, avendo tale frazione caratteristiche simili a quelle di un concime di sintesi a pronto effetto, mentre la frazione solida deve essere gestita come un effluente di allevamento con un immediato interramento a seguito della distribuzione.

La diversificata gestione dei due sottoprodotti (frazione liquida e solida) consente di ottenere migliori risultati agronomici, favorendo una migliore utilizzazione dell'azoto da parte delle colture, e di conseguenza, la sua minore potenziale dispersione nell'ambiente.

La separazione solido/liquido è necessaria per concentrare il prodotto quando lo si deve trasportare in luoghi distanti dall'impianto e quindi economizzare la gestione dell'impianto stesso. La frazione chiarificata può essere utilizzata anche in impianti di fertirrigazione, tuttavia la stessa frazione deve essere sottoposta a chiarificazione spinta al fine di ottenere liquido non molto denso.

Tab. 2.1 – Efficienza di separazione nella frazione solida, in percentuale (C.R.P.A.)

Parametri	Effluente suino tal quale	Digestato suino	Effluente bovino tal quale	Digestato bovino	Digestato da codigestione
Peso	23,4	10,9	36,7	26,9	24,7
Solidi totali	73,8	60,8	77,1	75,6	70,8
Azoto totale	49,8	27,7	55,6	48,4	43,2

Tab. 2.2 – Caratteristiche chimiche di diverse frazioni chiarificate di digestati (C.R.P.A)

		Frazione chiarificata digestato		
		Digestato da liquame suino	Digestato da liquame bovino	Digestato da insilato di mais + liquame bovino
pH	–	8,4	8,0	8,2
ST	(% tq)	1,6	1,7	1,8
SV	(% ST)	34,3	56,5	57,8
NTK	(mg/kg tq)	3232	1875	2139
N-NH$_4^+$	(% NTK)	89,5	69,2	69,1
COD	(mg O$_2$/l)	10534	20687	21762

Tab. 2.3 – Caratteristiche chimiche di diverse frazioni solide di digestati (C.R.P.A.)

		Frazione solida digestato		
		Digestato da liquame suino	Digestato da liquame bovino	Digestato da insialto di mais + liquame bovino
pH	(–)	8,8	8,6	8,5
ST	(% tq)	19,6	14	13,1
SV	(% ST)	68,3	80,5	79,9
NTK	(mg/kg tq)	10647	5034	5015
N-NH$_4^+$	(% NTK)	26,0	27,7	30,3

2.5 UTILIZZAZIONE DEL DIGESTATO IN UN PIANO DI CONCIMAZIONE

VANTAGGI

- Valorizzazione di uno "scarto" di lavorazione, con produzione di energia e recupero parziale dei costi di gestione dei reflui zootecnici.
- Maggiore efficienza nella gestione dell'azoto (materiale ricco di azoto ammoniacale).
- Possibilità di disporre di un materiale con proprietà ammendanti, stabilizzato ed igienizzato.

- Possibilità di trasporto a distanza della frazione solida, data l'elevata concentrazione di sostanza secca, e quindi maggiore adattabilità ad un uso consortile degli effluenti di allevamento.
- Possibilità di combinare digestione anaerobica con tecniche di rimozione e abbattimento dell'azoto.

SVANTAGGI

- Elevati investimenti per la realizzazione degli impianti di digestione anaerobica.
- Complessità gestionale e necessità di competenze tecniche adeguate.
- La digestione anaerobica non permette di rimuovere l'azoto, ma lo concentra.
- Maggiori rischi di perdita di ammoniaca se il digestato non viene immediatamente interrato in pre-semina.

2.6 INQUADRAMENTO NORMATIVO DEL DIGESTATO

Il digestato, per la Cassazione non è un rifiuto. Con la sentenza del 31 agosto 2012 (n.33588) la Corte di Cassazione è intervenuta sull'annosa questione della qualifica del digestato derivante dalla produzione di biogas e, in particolare, sulla possibilità di impiego di tale sostanza a fini agronomici al di fuori del campo di applicazione della normativa in materia di rifiuti.

Condividendo le conclusioni del Tribunale del riesame di Perugia, la Corte ha riconosciuto la possibilità di qualificare come sottoprodotto il digestato che presenti le caratteristiche di un fertilizzante o di un ammendante e che, quindi, possa essere impiegato sul terreno a fini agronomici.

Inoltre, il giudice di legittimità ha affermato l'applicabilità dell'esclusione dal campo di applicazione della disciplina in materia di rifiuti - di cui all'articolo 185 del decreto legislativo 3 aprile 2006, n.152, recante Norme in materia ambientale - del materiale in ingresso all'impianto di biodigestione e l'assimilabilità agli effluenti di allevamento del digestato proveniente da impianti le cui matrici organiche in ingresso al digestore siano costituite da reflui zootecnici, da soli o in miscela con altre biomasse non costituite da rifiuto.

In particolare, la Corte di Cassazione ha fornito tre importanti chiarimenti, riconoscendo innanzitutto che la possibile assimilazione agli effluenti animali, ai sensi del decreto ministeriale 7 aprile 2006, del digestato derivante da un impianto di biogas le cui matrici organiche in ingresso al digestore siano costituite da reflui zootecnici, da soli o in miscela con altre biomasse non rifiuto.

Sancite anche l'applicabilità dell'esclusione dal campo di applicazione della disciplina in materia di rifiuti, di cui all'articolo 185 del decreto legislativo n.152/06 cit. del materiale utilizzato (cosiddetto ingestato) nel procedimento di biodigestione, in considerazione della formulazione della norma che richiede l'impiego "per la produzione di energia" come condizione per l'applicazione dell'esclusione medesima, nonché la possibilità di attribuire la qualifica di sottoprodotto al digestato che, in considerazione delle caratteristiche, possa essere autonomamente commerciabile come ammendante o come fertilizzante.

La pronuncia risulta di particolare interesse sotto molteplici profili, anche in considerazione della rilevanza che la tematica della qualificazione giuridica delle biomasse destinate ad uso energetico e degli impianti di produzione di biogas riveste per le imprese e, specificatamente, per le imprese agricole.

Negli ultimi anni, infatti, l'applicazione difforme della disciplina e diverse interpretazioni adottate sia a livello giurisprudenziale che in ambito locale dalle amministrazioni competenti, hanno causato notevole incertezza e la complicazione del quadro di riferimento.

La sentenza, inoltre, si inserisce positivamente nel filone normativo ed interpretativo avviato con l'articolo 52, comma 2 bis del decreto-legge 22 giugno 2012, n. 83, che prevede che è possibile considerare sottoprodotto, ricorrendone i presupposti, il digestato ottenuto in impianti aziendali o interaziendali dalla digestione anaerobica, eventualmente associata anche ad altri trattamenti di tipo fisico e meccanico, di effluenti di allevamento, o residui di origine vegetale, o residui delle trasformazioni, o delle produzioni vegetali effettuate dall'agroindustria, conferiti come sottoprodotti, anche se miscelati tra loro ed utilizzato a fini agronomici.

2.7 L'AZOTO NEL DIGESTATO

La quantità di azoto di origine agro-zootecnica rappresenta un problema in termini di spandimento del digestato sui terreni disponibili dell'azienda nella quale è ubicato l'impianto di produzione di biogas.

La quantità di azoto presente nella matrice di ingresso è più o meno uguale a quello presente nel digestato, tuttavia la composizione delle forme azotate è diversa in quest'ultimo, rispetto alle matrici di partenza. L'azoto organico viene demolito per liberare in soluzione azoto minerale e cioè ammoniacale.

Se si carica il digestore con solo effluenti zootecnici, l'azoto in esso contenuto è già prevalentemente in forma ammoniacale, mentre con carichi di origine agroalimentare l'azoto è prevalentemente organico. L'azoto ammoniacale aumenta con matrici agrozootecniche.

Uno studio condotto da C.R.P.A riporta le caratteristiche chimiche delle matrici utilizzate e i relativi digestati ottenuti. Interessante, sempre nello stesso studio, l'analisi della modifica delle forme azotate durante il processo di digestione anaerobica: da azoto organico a azoto ammoniacale.

Parametri chimici	Unità di misura	Liquame suino		Liquame bovino	
		Tal quale	Digestato	Tal quale	Digestato
pH	–	7,1	8,2	7,0	7,9
Solidi totali (ST)	% tq	5,2	3,5	6,9	5,0
Solidi volatili (SV)	% ST	64,8	56,5	82,1	74,6
Azoto totale (NTK)	g/kg tq	4327	4194	2718	2803
Azoto ammoniacale	% NTK	62,2	72,6	42,8	52,3
		Liquame bovino + biomasse vegetali			
		Liquame bovino (10%)*	Silomais (90%)*	Digestato	
pH	–	7,6	3,6	8,0	
Solidi totali (ST)	% tq	6,7	33,6	4,6	
Solidi volatili (SV)	% ST	81,8	95,3	74,2	
Azoto totale (NTK)	g/kg tq	2815	4446	2864	
Azoto ammoniacale	% NTK	43,6	1,1	55,6	

*Percentuale in peso dei due tipi di biomassa alimentati al digestore, come sostanza organica

Fig. 2.8 – Caratteristiche chimiche delle matrici di diversa provenienza in ingresso ai reattori d ei digestati ottenuti (dati C.R.P.A.)

In linea generale, quindi, i digestati ottenuti dagli effluenti zootecnici presentano una potenziale maggiore di efficienza d'uso dell'azoto in essi contenuto, grazie alla mineralizzazione avvenuta ad alla conseguente maggiore disponibilità per le colture (Vismara et Al, op. cit.)

I digestati con prevalenza di prodotti vegetali possono essere paragonati a quelli derivanti da liquami bovini dal punto di vista della disponibilità dell'azoto per le coltivazioni.

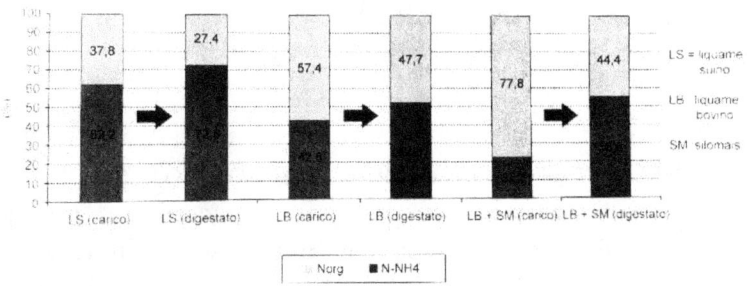

Fig. 2.9 – Modifiche delle forme azotate durante il processo di digestione anaerobica.

3 IMPIANTI A BIOGAS.

3.1 IMPIANTI ASSERVITI A AZIENDE AGRO-ZOOTECNICHE

Gli impianti trattati nel presente lavoro, aldilà della loro tipologia o dell'utilizzo infine del biogas, sono impianti che sono stati realizzati per assolvere agli scopi di aziende agro-zootecniche che posseggono allevamenti di animali, colture adatte alla ricetta di ingresso del digestore, terreni che vengono concimati con digestato nelle varie disponibilità: liquido tal quale, liquido e solido.

3.2 CARATTERISTICHE DEL BIOGAS

Affinché la produzione di biogas sia un processo energeticamente conveniente, la biomassa deve essere sufficientemente ricca di acqua e carbonio organico disponibile per la fermentazione e non deve contenere sostanze capaci di inibire i microrganismi. La produzione di biogas è considerata una valida alternativa alla combustione per le biomasse con molta umidità (maggiore del 30%) e con un elevato contenuto di azoto (rapporto carbonio/azoto inferiore a 30). Le biomasse ricche di lignina non sono adatte alla produzione di biogas in quanto i batteri responsabili della fermentazione non riescono facilmente a far avvenire la prima fase del processo (l'idrolisi) in condizioni anaerobiche. Le biomasse maggiormente utilizzate per la produzione di biogas sono: effluenti zootecnici, residui delle coltivazioni erbacee e colture dedicate (biomasse agricole), scarti dell'industria agroalimentare, frazione organica dei rifiuti solidi urbani (FORSU), acque reflue o fanghi di depurazione. (in Rossi e Bientinesi, op. cit.)[3]

Il biogas ottenuto dalla digestione anaerobica ha una composizione variabile, influenzata soprattutto dall'alimentazione. Nel caso di uso di biomasse agricole o di FORSU, mediamente ha un contenuto di metano (CH4) che va dal 55 al 65%. Il secondo principale componente del biogas è l'anidride carbonica (CO2) con un contenuto compreso tra il 35 e il 45%. Il biogas inoltre contiene in piccole percentuali altri componenti tra cui: solfuro di idrogeno (H2S) e solfuri, ammoniaca (NH3) e ammine, protossido di azoto (N2O), silossani, idrogeno ed acqua[4].

---

[3] Schievano et al., Journal of Environmental Management 90 (2009) 2537–2541. Hammad et. al., Energy Conversion & Management 40 (1999) 1463 -1475.
[4] Rychebosch et al., Biomass and bioenergy 35 (2011) 1633-1645.

3.3 Tipologie di impianti

La tipologia di un impianto a biogas è funzione del tenore di sostanza secca del substrato di alimentazione. Sono tre le tecniche di digestione anaerobica attualmente utilizzate negli impianti:

- Digestione ad umido (WET) per substrati che hanno un contenuto di sostanza secca inferiore al 10%. Si usa specialmente per la digestione di liquami zootecnici.
- Digestione a secco (DRY) per substrati con sostanza secca superiore al 20%;
- Digestione a semisecco (SEMI-DRY), per substrati con sostanza secca nei valori intermedi.

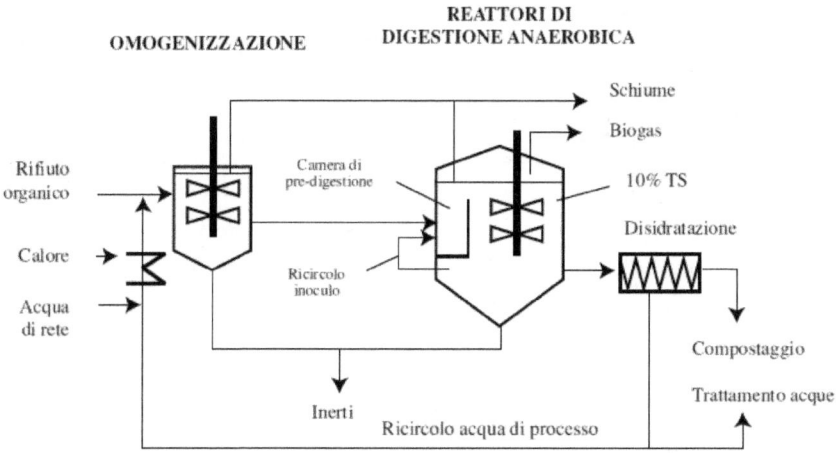

Fig. 3.1 – Schema di un impianto a biogas ad umido (WET)

Gli impianti si distinguono anche in base al confinamento delle fasi di digestione anaerobica. In:

- **MONOSTADIO**, quando le fasi di idrolisi, fermentazione acida e di produzione di metano avvengono in un unico reattore;
- **BISTADIO**, quando le fasi di idrolisi e fermentazione acida avvengono in uno stadio e quella di metanigena in un altro stadio.

Infine, a secondo del ciclo di alimentazione, gli impianti si distinguono in:

- **CONTINUI**, le matrici continuano ad arrivare continuamente al reattore e vengono miscelate in loco;

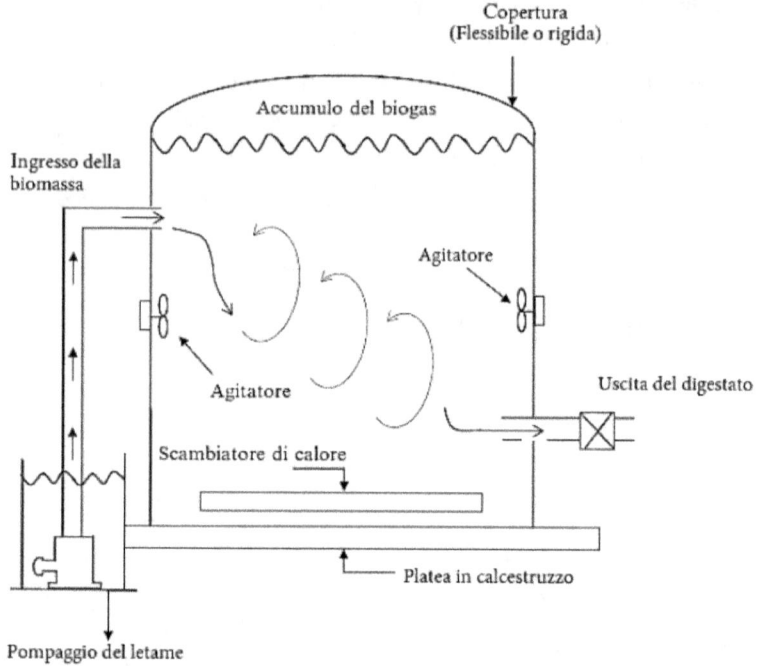

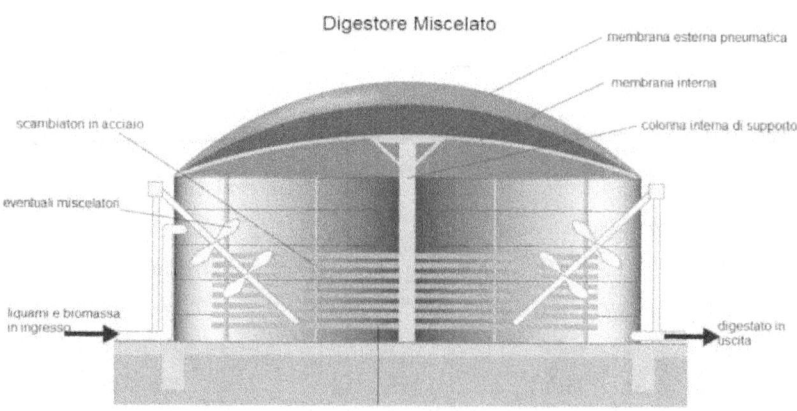

Fig. 3.2 – Impianto in continuo: CSTR, Completely stirred reactor (Ag-STAR, 2011, modificata, in alto; reattore CSTR schema da Rossi e Bientinesi, op. cit.)

- **DISCONTINUI**, le matrici vengono spinte da un pistone lungo l'asse longitudinali del reattore dove avvengono le fasi del processo.

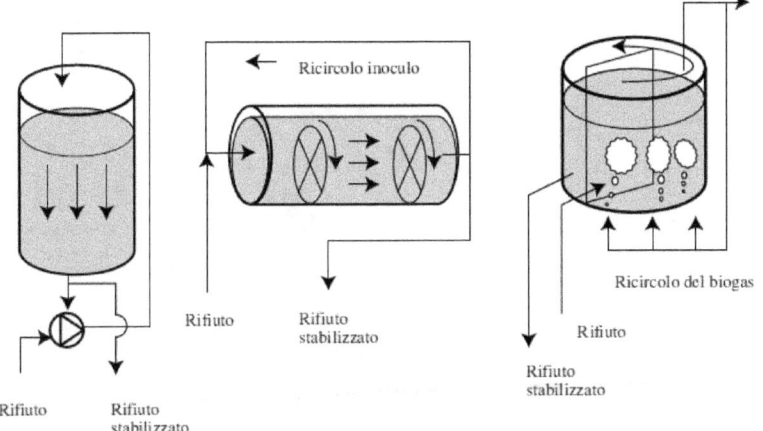

Fig. 3.3 – Impianti di digestione a secco (DRY). Da sx verso dx: A. Dranco, B. Kompogas, C. Valorga.

Nella figura 3.3, schematizzate le differenze delle tipologie impiantistiche di impianti di digestione a secco (DRY) visti in figura 3.2.

Sistema Dranco (A)	Sistema Kompogas (B)	Sistema Valorga (C)
- sviluppato in Belgio; - substrati: ad alto tenore di solidi (20-40%); - regime di temperatura: termofilo (50-58 °C); - alimentazione: giornaliera; - sistema di miscelazione: nessuno; - tempi di ritenzione: introduzione delle matrici dall'estremità superiore del reattore e il materiale digerito viene contemporaneamente rimosso dalla parte inferiore. Parte del digestato viene riciclato come inoculo, mentre il restante viene sottoposto a trattamenti ulteriori (ad es. disidratazione) al fine di ottenere un prodotto utile sotto il profilo agronomico. Rese in biogas dichiarate: 100 - 200 $m^3/t_{t.q.}$.	- sviluppato in Svizzera; - substrati: ad alto tenore di solidi (ca. 25%); - regime: termofilo. - utilizza un reattore cilindrico orizzontale in cui il materiale viene introdotto giornalmente; - tempi di ritenzione: il materiale digerito viene rimosso dall'estremità opposta dopo circa 20 giorni. Il movimento del materiale all'interno è orizzontale a pistone; all'interno del reattore è presente un sistema di agitazione che mescola la massa in modo intermittente, favorendo la liberazione del biogas formatosi e la risospensione del materiale inerte grossolano depositatosi sul fondo. Parte del digestato ottenuto è utilizzato come inoculo, mentre il rimanente viene disidratato e ulteriormente trattato a fini agronomici.	- sviluppato in Francia; - substrati: ad alto tenore di solidi (25-35%); - tempi di ritenzione: compresi tra 18-25 giorni. Reattori di forma cilindrica in cui il flusso di materiale è di tipo circolare e il mescolamento entro il reattore è garantito dalla circolazione sotto pressione di parte del biogas prodotto attraverso una serie di iniettori ad intervalli di tempo prestabiliti. Generalmente la miscelazione viene effettuata in modo soddisfacente mediante ricircolo di solo biogas e non dell'effluente. È necessario trattare il rifiuto da digerire eventualmente con acqua di processo al fine di raggiungere una concentrazione di sostanza solida intorno al 30%.

Fig. 3.4 – Tecnologie nella digestione a secco (DRY)

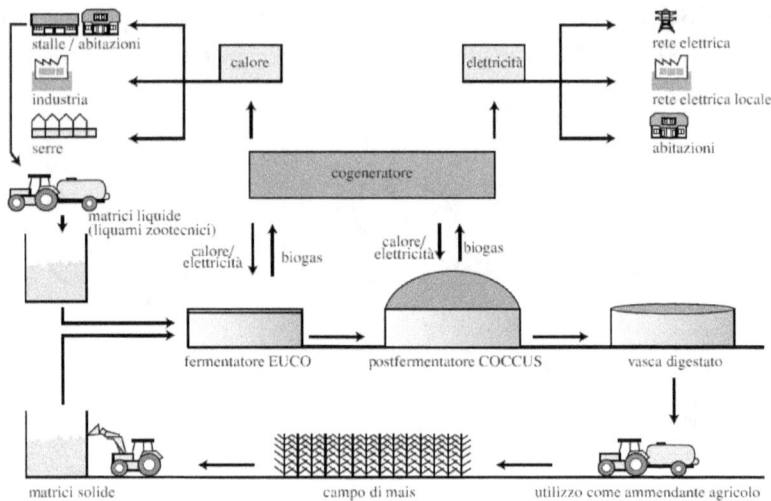

Fig. 3.5 – Schematizzazione impianto di digestione a semi-secco (SEMI-DRY).

Nella figura 5.5 è riassunto il tipo di processo con i relativi parametri di processo e la resa di processo.

Tipo di processo	Parametri di processo			Rese di processo				
	Presenza di S.T. in biomassa	Carico organico	HRT	Produzione biogas	Produzione specifica di biogas	Velocità di produzione di biogas	Contenuto di CH_4 in biogas	Grado di degradazione del S.V.
	%	kg SV/m^3/die	die	m^3/t	m^3/kg S.V.	m^3/m^3 die	%	%
WET	10 - 15	2 - 6	10 - 30	100 - 150	0,4 - 0,5	5 - 6	50 - 70	50 - 75
SEMI-DRY	15 - 25	8 - 18	10 - 15	100 - 150	0,3 - 0,5	3 - 6	55 - 60	40 - 60
DRY	25 - 40	8 - 10	25 - 30	90 - 150	0,2 - 0,3	2 - 3	50 - 60	50 - 70

Fig. 3.6 – Parametri e rese dei tipi di processo di digestione anaerobica. HRT: Tempo di residenza (esprime il tempo medio di permanenza del substrato nel digestore).

Come si legge, non ci sono grosse differenze tra le tipologie di processo.

3.4 Sezioni di un impianto a biogas

Si è considerato, per schematizzare le diverse sezioni di un impianto, quello tipico agricolo: umido e alimentato con una matrice di effluenti zootecnici e insilati.

La gestione di un digestore anaerobico deve avere le stesse attenzioni che vengono date alla gestione di una mandria di bovini da latte. Il digestore ha alcune necessità fondamentali che stanno alla base di un corretto sviluppo della flora batterica e di una corretta gestione idraulica:

- i batteri devono essere alimentati regolarmente e omogeneamente per potersi riprodurre e produrre gas;
- i batteri devono essere riscaldati costantemente e regolarmente per potersi riprodurre e produrre gas;
- gli effluenti devono poter essere caricati e il digestato scaricato.
- il biogas prodotto deve poter essere stoccato per il tempo necessario a sincronizzare la produzione con l'utilizzazione;
- il biogas deve essere trattato per renderlo idoneo all'utilizzo in un cogeneratore/caldaia.

Le sezioni risultano essere:
1. PREPARAZIONE DELLE MATRICI
2. GESTIONE DEL DIGESTORE ANAEROBICO
3. DIGESTIONE ANAEROBICA
4. RACCOLTA DEL BIOGAS
5. TRATTAMENTO E UTILIZZO DEL BIOGAS
6. GESTIONE DEL DIGESTATO

<u>1. PREPARAZIONE DELLE MATRICI</u>

Raccolta e preparazione Effluenti zootecnici e insilati.
Gli effluenti zootecnici sono costituiti da letame e liquame i quali effluenti già dopo poche ore iniziano a fermentare per la presenza di microbi che attaccano le sostanze organiche, proprio per questo motivo devono essere trasportate nel più breve tempo possibile all'impianto.

Alla matrice possono essere aggiunti diversi tipi di insilati: di mais, orzo, erba medica. L'accorgimento più importante è di stoccare questi materiali avendo l'accortezza di evitare la presenza di corde, sassi, terra, plastica, e altri materiali cosiddetti inerti.

Substrato	BIOGAS (m³/kg)	Metano nel Biogas (%)	Metano (m³/kg)
Carboidrati	0,79	50%	0,40
Proteine	0,70	71%	0,50
Grassi	1,25	68%	0,85

Fig. 3.7 – Resa in termini di biogas e metano delle diverse componenti organiche utilizzate in un impianto di biogas.

Pretrattamento.

Il trattamento serve principalmente ad omogeneizzare le matrici e si procede con processi fisici e meccanici come la trinciatura, sfibratura, sminuzzatura, il quale trattamento è il più utilizzato in ambito agricolo; processi termici con vapore saturo ad alta pressione e infine con processi chimici e enzimatici.

Carico del digestore.

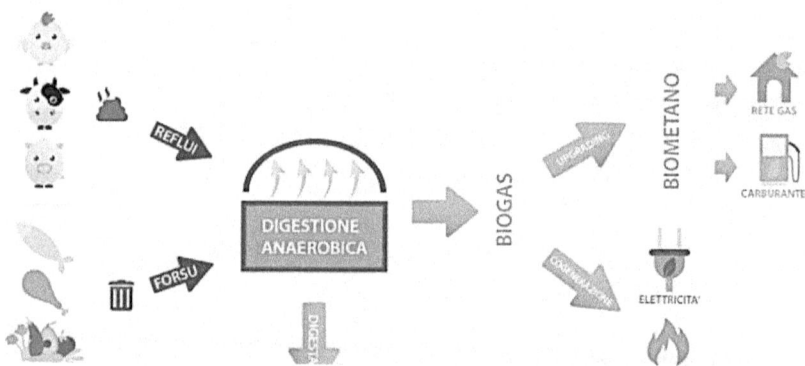

Fig. 3.8 – Prodotti in entrata in un digestore anaerobico.

Le matrici solide e liquide possono essere caricate insieme o separatamente. I liquami, ossia materiali non palabili, sono convogliati al digestore tramite tubazioni e pompe oppure trasportate con l'uso di carrobotte ad una vasca di precarico e accumulati per un periodo di qualche giorno. Successivamente vengono caricate nel digestore con pompe. Per i materiali palabili, generalmente stoccati in capannoni, e caricati nel fermentatore attraverso appositi cassoni.

La figura 5.7 mostra i prodotti di carico di un digestore: oltre a materiali di origine agro-zootecnica, nel biodigestore possono entrare materiali di scarto alimentare e rifiuti di varia origine biologica.

1. GESTIONE DEL DIGESTORE ANAEROBICO

Il digestore ha alcune necessità fondamentali che stanno alla base di un corretto sviluppo della flora batterica e di una corretta gestione idraulica:

- È molto importante che i batteri devono essere alimentati regolarmente e omogeneamente per potersi riprodurre e produrre gas;
- Bisogna sempre che ci sia una temperatura costante e regolare per potersi riprodurre e produrre gas;
- gli effluenti devono poter essere caricati e il digestato scaricato;
- il biogas prodotto deve poter essere stoccato per il tempo necessario a sincronizzare la produzione con l'utilizzazione;
- il biogas deve essere trattato per renderlo idoneo all'utilizzo in un cogeneratore/caldaia

Avviamento impianto

L'obbiettivo della fase di avviamento è quello di permettere l'instaurazione di una ricca comunità microbica anaerobica metanigena.

L'avviamento è fortemente favorito dalla *inoculazione* di digestato proveniente da impianti già attivi, preferibilmente alimentati con substrati simili. La quantità di inoculo non è di facile definizione ma sicuramente è dimostrato empiricamente che più inoculo si usa, meglio e più rapidamente si avvia l'impianto. *Per la fase di avviamento possono essere utilizzate caldaie ausiliarie che consentono di accelerare il riscaldamento iniziale e che terminano la loro funzione quando la produzione di biogas ha raggiunto una qualità sufficientemente buona (in genere almeno il 45-50% di contenuto in metano) da poter essere utilizzata in cogenerazione* (CRPA, op. cit).

Generalmente si procede in questo modo:
- prima settimana: carico limitato a 2 volte e con quantità pari a circa il 20-30% del carico nominale, con ricircolo interno del digestato al fine di consentire la miscelazione e l'adattamento del consorzio batterico;
- seconda settimana: carico giornaliero limitato al 20-30% del carico nominale;

- terza e quarta settimana: carico giornaliero con incrementi del 10-20% ogni 2-3 giorni.

L'andamento del processo di digestione è monitorabile con il controllo della qualità del biogas ottenuto dal processo stesso che ci dice che il processo è stabile ed equilibrato: la quantità di metano prodotto deve essere costante e ai livelli massimi possibili. La quantità di idrogeno e CO_2 deve essere limitata poiché la flora metanigena può risentirne gravemente.

Una volta avviato l'impianto, questo deve essere ben manutentato e caricato uniformemente e regolarmente.

<u>Miscelazione</u>.

I digestori di impianti ad umido, altro non sono che delle vasche in C.A. o acciaio di sezione circolare o ovale, realizzate fuori terra oppure interrate. Devono essere opportunamente coibentate. Una volta caricato il digestore, si avvia la miscelazione meccanica con pale o idraulica. In questo caso apposite pompe prelevano la matrice dal digestore e la ridistribuisce dall'alto.

La miscelazione dei digestori assolve principalmente alle seguenti funzioni:

- distribuzione omogenea del materiale fresco caricato a tutta la flora batterica presente nel digestore;
- evitare fenomeni di by-pass che possono essere responsabili di una fuoriuscita precoce del materiale fresco alimentato;
- distribuzione del calore a tutta la flora batterica per consentire un omogeneo e costante sviluppo della flora batterica;
- evitare la formazione di strati più densi di materiale sia sulla superficie che intermedi: tale azione è cruciale e deve essere tenuta particolarmente controllata in quanto una volta che uno strato denso inizia a formarsi tende ad aumentare la sua dimensione per aggregazioni periferiche progressive e ciò ha conseguenze progressive nella omogeneità degli strati. Uno strato denso o incrostato riduce la possibilità di svuotare il digestore, aumenta l'accumulo di materiale organico indegradato, riduce la fuoriuscita del biogas prodotto negli strati più profondi inibendone la produzione;
- agevolare lo scarico del digestato, soprattutto nel caso di presenza

di sistemi a "sifone".

La miscelazione deve essere gestita tenendo presente i seguenti principi:

- i miscelatori devono poter essere azionabili con programmazione a tempi intermittenti;
- deve essere possibile direzionare almeno uno dei miscelatori presenti sia sul piano orizzontale che verticale in modo da poter intervenire laddove necessario;
- i miscelatori devono essere mossi regolarmente nei diversi strati, da quello più superficiale a quello più profondo: tale operazione deve essere compiuta regolarmente, per evitare di favorire in una prima fase un accumulo di materiale organico con successiva movimentazione improvvisa quando agitato con il miscelatore. La distribuzione improvvisa di una grande quantità di materiale sedimentato può portare ad un sovraccarico di materiale organico con incremento repentino dei processi di idrolisi, accumulo di acidi organici e conseguente inibizione dei batteri metanigeni;
- il gestore deve controllare visivamente, attraverso gli opportuni oblò sul digestore, e con cadenza almeno giornaliera lo stato della superficie del digestato all'interno del reattore: la presenza di bolle di piccole dimensioni e diffuse e l'assenza di incrostazioni superficiali indica in linea di massima una buona miscelazione. Qualora si verificasse la presenza di primi nuclei di aggregazione o flottazione è opportuno intervenire immediatamente ed avviare una fase di miscelazione intensa e prolungata fino alla disgregazione totale di tali aggregati.

<u>Riscaldamento digestore e matrice di ingresso</u>

Il digestore deve essere riscaldato per favorire l'attività anaerobica di batteri mesofili o termofili. Per mantenere la temperatura costante entro range, il digestore deve essere coibentato e ovviamente riscaldato. L'acqua calda immessa in apposite tubazioni di riscaldamento proviene dall'impianto di cogenerazione.

Anche la matrice prima di entrare nel digestore deve essere riscaldata per evitare che la temperatura interna si abbassi. A tal proposito vale la pena ricordare che nei mesi invernali i liquami bovini possono arrivare al digestore anaerobico a temperature bassissime, intorno allo

0°C e che quindi devono essere precedentemente riscaldate almeno a 38-40 °C.

La gestione del carico deve essere accompagnata dal controllo dei seguenti parametri:
- quantità di materiale caricato: le volumetrie di carico devono essere governate da sistemi di misura (a tempo o con flussimetri) e non "a svuotamento" della vasca di collettamento dei liquami aziendali;
- il carico deve assicurare il corretto tempo di ritenzione idraulica, ovvero il tempo che i batteri anaerobi hanno per degradare i solidi volatili caricati e convertirli in biogas. Una digestione anaerobica incompleta o parziale porta ad un accumulo di solidi totali nel digestore con conseguenti problemi legati alla miscelazione;
- regolarità nella distribuzione del carico nella giornata, che deve essere frazionato quanto più possibile per evitare sovraccarichi improvvisi di materiale organico e picchi di produzione istantanei che potrebbero portare, nel caso di cupole gasometriche troppo piccole, a perdite di gas;
- controllo del contenuto di solidi totali e volatili dei prodotti: il gestore dovrebbe prevedere il controllo analitico del contenuto di questi parametri in modo da assicurare la corretta dieta anche in termini di materiale organico (kg di solidi volatili per metro cubo di digestore e per giorno);
- contenuto di solidi totali e volatili all'interno del digestore: la determinazione periodica (su base almeno mensile) del contenuto di solidi totali e volatili del digestato presente nei reattori consente di valutare correttamente se il processo degrada regolarmente gli effluenti caricati, se vi sono accumuli o dilavamenti del digestore.

I dati di carico e analitici dovrebbero essere regolarmente registrati e tenuti a disposizione per una corretta valutazione del processo nel tempo.

2. DIGESTIONE ANAEROBICA

Nella digestione anaerobica la formazione di H_2S (idrogeno solforato) è inevitabile e l'entità della produzione dipende strettamente dalle caratteristiche chimiche degli effluenti zootecnici. In questi substrati la produzione di idrogeno solforato è particolarmente importante per la presenza di molte molecole proteiche indegradate. La sua elevata corrosività ne rende necessario un continuo controllo e trattamento.

La formazione di H_2S può essere tenuta sottocontrollo o tramite presenza di alcuni batteri come quelli appartenenti alla famiglia dei *Thiobacilli*, o tramite filtrazione con adsorbimento su carboni attivi.

Anche la formazione di schiume è causa di malfunzionamento dell'impianto di biogas: questa produzione è dovuta a squilibrio microbiologico o all'utilizzo di substrati non propriamente adeguati.

La formazione di schiuma deve essere tenuta sotto controllo in quanto può elevarsi facilmente di livello fino a raggiungere i punti di captazione del biogas e inserirsi nella linea stessa riempiendola, con evidenti problemi gestionali e di sicurezza. Le operazioni che possono essere adottate per tenere sotto controllo la schiuma, ma evidentemente non per risolvere le cause della sua formazione, possono essere le seguenti:

- installare sistemi di ricircolo interno che favoriscano turbolenze elevate nella parte superficiale (ugelli di ricircolo, miscelazioni dello strato superficiale);
- utilizzo di olio vegetale (in particolare olio di colza) in piccole dosi: in genere sono sufficienti 5-10 litri/giorno per digestore per abbassare il livello della schiuma;
- utilizzo di prodotti chimici antischiuma: è importante che il prodotto antischiuma sia esente da silicone per evitare la formazione di composti di silossani che potrebbero danneggiare il cogeneratore.

3. RACCOLTA DEL BIOGAS

Il biogas che viene prodotto con la digestione anaerobica all'interno del digestore, può essere raccolto sul posto, attraverso la cupola del digestore che funge da camera di accumulo, o inviato ad un gasometro sistemato esternamente all'impianto.

Il primo sistema è il più utilizzato in impianti di aziende agricole.

Controllo del gasometro

Il telo gasometrico deve essere scelto con le specifiche idonee al clima in cui viene costruito l'impianto (radiazioni ultraviolette e temperature elevate possono danneggiare il telo fino alla sua rottura) e resistente a tutte le intemperie che possono verificarsi (accumuli di neve e/o ghiaccio su un telo sgonfio possono comprometterne la resistenza fisica e impedirne il riempimento).

3.4.1 Principali problemi degli impianti di biogas a effluenti zootecnici.

Gli effluenti zootecnici sono sempre prodotti di scarto caratterizzati da una concentrazione di sostanza secca e organica molto bassa, che necessitano, a parità di potenza elettrica installata, di volume - trie di digestione anaerobica molto più elevate rispetto a quelle necessarie per impianti che utilizzano colture dedicate. Per fare fronte agli elevati costi specifici che caratterizzano gli impianti di digestione anaerobica funzionanti prevalentemente con liquami, però, spesso vengono fatte economie costruttive che sottovalutano alcuni importanti aspetti, e che possono pregiudicare il buon funzionamento dell'impianto.

Il tempo di ritenzione idraulica deve essere dell'ordine di 18-23 giorni per gli effluenti suinicoli e di 30-35 giorni per gli effluenti bovini. Oltre a ciò, occorre considerare che la temperatura è un fattore fortemente limitante sia in termini di livello che di stabilità (una volta definito un regime di temperatura è fondamentale mantenerlo costante).

Un digestore troppo piccolo può dare luogo ai seguenti problemi:

- sovraccarico organico: la flora batterica metanigena non riesce a utilizzare tutti i prodotti di demolizione dalla flora batterica idrolitica portando ad uno squilibrio del rapporto fra acidità e alcalinità con conseguente blocco microbiologico;
- digestione incompleta del prodotto disponibile, con conseguente mancato raggiungimento della produzione di biogas prevista.

Viceversa un digestore troppo grande, invece, può comportare:

- squilibri termici: la produzione di biogas e, conseguentemente, di energia elettrica per metro cubo di digestore non basta per produrre sufficiente energia termica per riscaldare il digestore stesso. A tal riguardo si tenga presente che i fabbisogni termici in un impianto ad effluenti sono da imputare soprattutto alla quantità di energia che serve per riscaldare il liquame caricato giornalmente;
- miscelazione squilibrata: un digestore molto grande può comportare un'elevata esigenza di energia per miscelare il prodotto ed evitare sia la flottazione (affioramento superficiale) delle frazioni leggere (paglia e fibre in genere) che la sedimentazione sul fondo.

Da ricordare che la miscelazione, oltre alla funzione idraulica di carico/scarico, svolge altre funzioni essenziali: mettere a contatto la flora batterica presente con il materiale organico fresco, omogeneizzare la temperatura all'interno del digestore garantendo un potenziale produttivo ottimale in tutto il volume disponibile, ridurre al minimo il rischio di by-pass, ovvero la fuoriuscita precoce di materiale fresco.

La distribuzione degli agitatori, un programma di accensione che si estenda ad almeno il 25-30% del tempo e la possibilità di ruotarli e spostarli in altezza sono gli elementi di flessibilità fondamentali che permettono di affrontare la stragrande maggioranza delle problematiche di tipo idraulico.

Anche nel caso dei piccoli impianti non bisogna dimenticarsi che il trattamento del biogas, ovvero desolforazione e deumidificazione, sono di cruciale importanza al fine di salvaguardare il buon funzionamento e, soprattutto, la durata del cogeneratore; basti considerare che i liquami suini sono caratterizzati da un contenuto nel biogas grezzo prodotto di una quantità di idrogeno solforato che può arrivare anche a 2.500-3.000 ppm.] (CRPA)

3.4.2 Parametri di funzionamento di un impianto di biogas

Secondo il CNRPA, è difficile indicare valori generali di riferimento per tutti i parametri di controllo in quanto ogni impianto presenta caratteristiche operative particolari dettate soprattutto da:

- caratteristiche degli effluenti utilizzati e quindi dalle tecniche di stabulazione;
- caratteristiche costruttive;
- capacità gestionale.

In linea di massima occorre, comunque, tenere presente i seguenti limiti:

- contenuto in solidi totali: minore del 12%, per evitare problemi di miscelazione e favorire l'omogeneità di carico/scarico
- percentuale di solidi volatili: il carico dovrebbe essere fatto con effluenti con una percentuale superiore ad almeno il 75% e nel digestato esausto la percentuale dovrebbe essere inferiore al 70%;
- temperatura del digestore: 38-40 °C per i processi mesofili e 52-55°C per quelli termofilil;

- pH: nei digestori monostadio dovrebbe essere nell'intervallo 6,8-8, mentre nei rari casi di separazione di stadio per la fase idrolitica dovrebbe essere nell'intervallo 5,2-6,3 e nello stadio metanigeno 6,7-8,2;
- contenuto di CH4 nel biogas: sempre superiore a 50%;
- contenuto di H2S nel biogas: dipende dalle specifiche del fornitore del cogeneratore ma è sempre meglio non superare le soglie di 100-200 ppm;
- umidità relativa residua del biogas: prima dell'utilizzo nel cogeneratore inferiore al 6%;
- conversione dei solidi volatili: nei liquami bovini l'efficienza di conversione dei solidi volatili dovrebbe essere pari o superiore al 50%;
- carico organico volumetrico: sempre superiore ad almeno 1 kg SV/m3/giorno;
- tempo di ritenzione idraulica: compreso fra 30 e 40 giorni a seconda delle quantità di paglia utilizzata

3.4.3   Uso del biogas.

Dal digestore, il biogas prodotto è composto da una miscela di gas che Patterson (2006), indica composto da:
- Metano CH_4 53-70 % vol;
- Anidride carbonica CO_2 30-47 %vol;
- Acido solforico H_2S <1000 ppm;
- Ammoniaca NH_3;
- Azoto N_2;
- Monossido di carbonio CO;
- Idrogeno H_2;
- Ossigeno O_2.

Con un potere calorifico di 23 MJ/Nm^3

Siccome la Rete Gas SNAM impone caratteristiche diverse, è necessario che il biogas che esce dal digestore, subisca delle modifiche se questo deve essere immesso nella rete. Ma anche se il gas prodotto deve servire all'alimentazione di un motore a combustione interna per la produzione in loco di energia elettrica, il biogas deve essere trattato alla stessa stregua.

Bisogna, quindi che il biogas sia trattato con interventi di depurazione e raffinazione che devono servire a:

- Rimuovere i componenti indesiderati, sia ai fini ambientali che di utilizzo del prodotto finale, quali l'acido solforico, l'ammoniaca, l'umidità, il particolato solido, ecc.
- Migliorare le caratteristiche termiche del gas, incrementare i valori del potere calorifico.

Il biogas deve subire innanzitutto un pretrattamento che privi lo stesso da impurità, quali:

- Acido solfidrico;
- Acqua;
- Composti organici siliconici (silossani, ecc.);
- Ossigeno;
- Ammoniaca;
- Sporco, oli, ecc

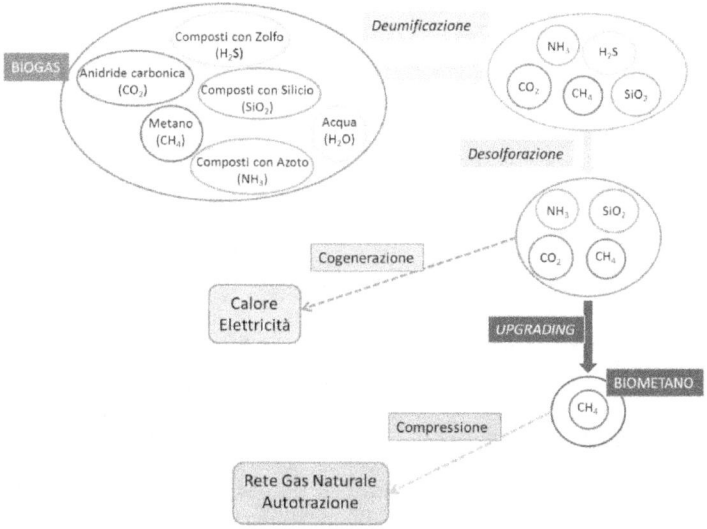

Fig. 3.9 – Trattamenti del biogas prima di ottenere gas combustibile (metano).

Il biogas dopo aver subito il processo di deumidificazione e quello di desolforazione è composto da gas che possono essere avviati direttamente a macchine per la cogenerazione e quindi per la produzione di energia elettrica.

Oppure questo biogas deve essere sottoposto ad ulteriori trattamenti (UPGRADING) per essere immesso nella rete del gas per utilizzo come autotrazione.

L'obbiettivo di tutte le tecnologie di upgrading è di ottenere la maggiore purezza del biometano con le minori perdite di metano ed il minor consumo di energia. Ognuno dei metodi elencati presenta dei vantaggi e degli svantaggi che verranno in seguito approfonditi; tuttavia, ad oggi, non esiste una soluzione che sia univocamente migliore delle altre.

Uno degli aspetti da tenere maggiormente in considerazione sono le perdite di metano, esse comportano, oltre ad una minore efficienza dell'impianto, l'emissione di CH_4 dell'atmosfera che deve essere assolutamente contenuta. Il metano infatti ha un impatto sul riscaldamento globale 25 volte maggiore di quello che ha l'analoga quantità di CO_2. (Mazzeo, op.cit.).

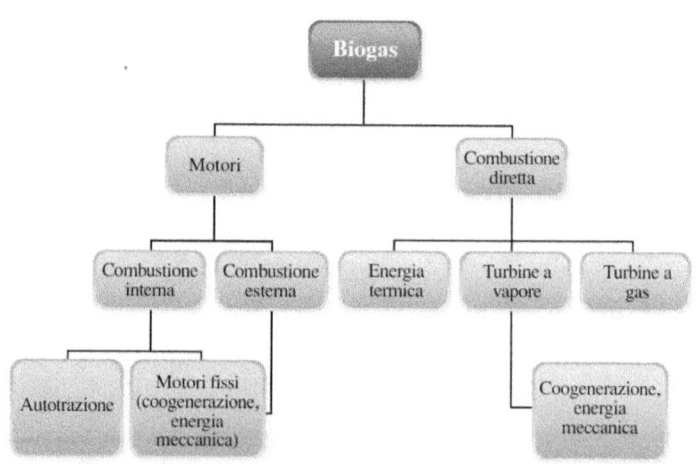

. Fig. 3.10 – Tecnologie di utilizzo biogas e destinazione d'uso

L'upgrading è quindi una tecnologia che produce gas più raffinato e con maggiore resa. Per questo motivo, oggi quasi tutti gli impianti di biogas prevedono l'upgrading del biogas prodotto.

Nell'impianto descritto nel paragrafo 5.2.3, si utilizza la separazione criogenica per l'upgrading del biogas che *prevede la separazione della CO_2 tramite criogenia e produzione di CO_2 liquida (LCO_2) e di metano liquido (LCH_4). Attualmente essa è ancora una tecnologia in via di sviluppo, con metodi tra loro differenti e dei quali non esiste ancora una letteratura completa, per cui saranno qui* *omesse descrizioni dettagliate del processo e la denominazione di specifici parametri operativi ma sarà data unicamente una descrizione di base del processo.*

Il processo di separazione criogenica si basa sul fatto che il gas alle basse temperature ed alle alte pressioni condensa, passando alla fase liquida, o sublima precipitando sotto forma solida. In particolare la CO_2 alla pressione di 1 bar sublima alla temperatura di -78.5°C mentre il metano alla temperatura di -161.4 °C ed infine l'azoto ad una temperatura di -196 °C. (Mazzeo, op. cit.).

Nella figura 5.19, è mostrato il separatore criogenico

Il biogas tal quale può essere utilizzato attraverso diverse tecnologie che impiegano questo prodotto per diversi scopi: autotrazione, motori di cogenerazione o per energia meccanica, come mostrato dalla figura 5.30.

3.5 LA RESA IN METANO DELLE BIOMASSE

La resa in biogas, e quindi in metano, dipende dalle caratteristiche della biomassa e, in particolare, dalla quantità delle componenti organiche di base (grassi, proteine e carboidrati). Per le più comuni matrici utilizzabili in processi di DA la potenzialità di produzione di CH_4 a parità di tecnologia utilizzata, dipenderà (semplificando) da:

- percentuale di sostanza secca presente nelle matrici tal quali;
- percentuale di solidi volatili presenti nella sostanza secca;
- resa in biogas caratteristica della specifica sostanza organica;
- percentuale di metano presente nel biogas;

(questi due ultimi aspetti sono, ovviamente, direttamente connessi alla componente organica di base di cui sopra). In termini generali il rendimento in biogas, e quindi energetico, del processo è molto variabile e dipende dall'insieme dei fattori sopra citati. Normalmente durante la DA si ottiene una riduzione di almeno il 45-50% dei solidi volatili della matrice organica.

Osservando la tabella 5.1 emerge che la quantità, o meglio il potenziale di produzione, di metano prodotto dalle biomasse non è l'unico aspetto da tenere in considerazione nella gestione del processo di digestione anaerobica di un digestore di biogas.

Ad esempio, i liquami, sebbene abbiano una capacità metanigena (sul tal quale) inferiore da tre a cinque volte rispetto a quella delle altre matrici, rappresentano di gran lunga il materiale più utilizzato in processi di DA. Per contrapposizione, l'elevata capacità metanigena di sottoprodotti e rifiuti deve fare i conti con un aumento della complicazione gestionale del processo di DA con la conseguenza che tali matrici risultano poco usate in Italia (vedere capitolo 7). Ulteriori aspetti rilevanti che devono essere valutati durante la scelta delle matrici da introdurre in processi di digestione anaerobica, o codigestione anaerobica, sono la struttura fisica, la presenza di azoto, il contenuto di sostanze inibenti, la facilità di utilizzo del digestato. (Filiera del biogas, op. cit.).

m^3 di metano/biogas per t di biomassa

Biomassa	Metano	Biogas
Liquame suino	7	12
Liquame bovino	15	26
Insilato di sorgo	68	129
Insilato di triticale	82	154
Insilato d'erba medica	105	190
Insilato di mais	112	212

Fig. 3.11 - Metri cubi in metano rispetto al biogas per tonnellata di biomassa.

La resa in termini di quantità di biogas o più esattamente di metano, dipende dalle caratteristiche delle biomasse e dalle sue componenti di base (grassi, proteine e carboidrati).

Per le più comuni matrici utilizzabili in processi di DA la potenzialità di produzione di CH_4, a parità di tecnologia utilizzata, dipenderà (semplificando) da:
- percentuale di sostanza secca presente nelle matrici tal quali; - percentuale di solidi volatili presenti nella sostanza secca; - resa in biogas caratteristica della specifica sostanza organica; - percentuale di metano presente nel biogas; (questi due ultimi aspetti sono, ovviamente, direttamente connessi alla componente organica di base di cui sopra). In termini generali il rendimento in biogas - e quindi energetico - del processo è molto variabile e dipende dall'insieme dei fattori sopra citati. Normalmente durante la DA si ottiene una riduzione di almeno il 45-50% dei solidi volatili della matrice organica. (Filiera del biogas, op. cit.).

Per completezza, in impianti di produzione di biogas, non entrano in codigestione anaerobica solo biomasse di origine agricola, ma possono essere impiagate, con altrettanto successo, anche biomasse di origine non agricola, quali scarti di macellazione, sottoprodotti agroalimentari, ecc. Il sottoprodotto, in questo caso, non è il digestato ma è uno speciale digestato che non può essere utilizzato per scopi agronomici, ma è a sua volta un prodotto di partenza per produzione di compost.

Tab. 3.1 – Caratteristiche delle matrici utilizzabili in un processo di digestione anaerobica e capacità delle stesse a produrre metano

Substrati	Sostanza secca (%)		Solidi volatili (% di s.s.)		Azoto (% di s.s.)		Resa in biogas (m^3/t di s.v.)		CH_4 in biogas (%)		CH_4 (m^3/t di t.q.)	
	da	a	da	a	da	a	da	a	da	a	da	a
Liquami	0,6	25	60	85	3,0	17,7	300	550	60	65	0,6	61
Bovini da latte	10	16	75	85	3,0	4,8	300	450	60	65	14	40
Bovini da carne	7	10	75	85	3,8	5,3	300	450	60	65	9	25
Vitelli carne bianca	0,6	2,9	60	75	7,4	17,7	300	450	60	65	1	6
Suini	1,5	6	65	80	4,0	13,3	450	550	60	65	3	17
Ovaiole	19	25	70	75	4,5	7,0	300	500	60	65	24	61
Letami	11	80	60	90	1,2	6,7	200	550	60	65	9	221
Letame bovino	11	25	65	85	1,2	2,8	200	300	60	65	9	41
Letame suino	20	28	75	90	1,8	2,0	450	550	60	65	41	90
Letame avicolo*	60	80	75	85	4,3	6,7	400	500	60	65	108	221
Pollina pre-essiccata	40	80	60	70	3,4	6,4	450	550	60	65	65	200
Letame ovino	22	40	70	75	1,9	3,5	240	500	60	65	22	98
Coltura dedicate	14	37	70	98	0,2	4,2	300	650	50	60	18	123
Insilato di mais	20	35	85	95	1,1	2	350	550	53	55	32	101
Insilato di sorgo	18	37	87	93	1,4	1,9	550	650	53	55	46	123
Segale integrale	30	35	92	98	3,8	4,2	500	600	53	55	73	113
Barbabietola da zucchero	21	25	90	95	2,4	2,8	450	550	55	60	47	78
Colletti e foglie di barbabietola	14	18	75	80	0,2	0,4	350	450	50	55	18	36
Erbasilo	25	35	70	95	2,0	3,4	300	500	53	55	28	91
Trifoglio	19	21	79	81	2,6	3,8	300	500	50	55	23	47

segue

Substrati	Sostanza secca (%)		Solidi volatili (% di s.s)		Azoto (% di s.s.)		Resa in biogas (m³/t di s.v.)		CH₄ in biogas (%)		CH₄ (m³/t di t.q.)	
	da	a	da	a	da	a	da	a	da	a	da	a
Sottoprodotti agroindustriali	3,5	90	70	97	0,5	13	300	600	50	60	5	242
Residui della lavorazione dei succhi di frutta	25	45	90	95	1	1,2	500	600	55	60	62	154
Scarti lavorazione ortofrutta	5	20	80	90	3	5	350	500	50	60	7	54
Melasso	80	90	85	90	1,3	1,7	300	450	50	55	102	200
Residui della lavorazione delle patate	6	7	85	95	5	13	500	600	50	53	13	21
Buccette di pomodoro	27	35	96	97	3,1	3,2	300	400	50	55	39	75
Residuo della distillazione dei cereali	6	8	83	88	6	10	400	500	50	55	10	19
Trebbie di birra	20	25	70	80	4	5	300	400	50	55	21	44
Siero	4	7	80	92	0,7	1,0	330	400	50	55	5	14
Polpa di cellulosa	12	14	89	91	5	13	450	550	50	55	24	39
Paglia	85	90	85	89	0,5	1,0	450	550	53	55	172	242
Acque di vegetazione	3,5	3,9	70	75	4	5	400	500	50	55	5	8
Rifiuti	6	75	41	97	0,5	17,0	300	850	50	70	20	169
Frazione organica residui solidi urbani (FORSU)	40	75	50	70	0,5	2,7	300	450	50	60	30	142
Scarti della ristorazione	9	37	80	95	0,6	5	650	800	50	60	23	169
Contenuto stomacale dei suini	12	15	75	86	2,5	2,7	650	800	60	65	35	67
Contenuto ruminale**	18	20	90	94	2,0	3,0	650	800	60	65	63	98
Sangue suino ***	6	20	93	95	14,7	17,0	600	850	60	70	20	113
Scarti in incubatoio ***	44	48	41	45	5,0	5,5	600	800	60	65	65	112
Uova rotte ***	21	25	95	97	7,5	8,5	600	850	60	65	72	134

* Lettiera esausta polli e faraone da carne
** Materiale di categoria 2 ai sensi del Reg. CE n. 1774/02
*** Materiale di categoria 3 ai sensi del Reg. CE n. 1774/02

Alcune considerazioni importanti per la costruzione degli impianti di biogas:

- il 73% dei solidi totali disponibili per la conversione in biogas

dell'esempio provengono dall'escrezione delle feci, il rimanente dall'utilizzo della paglia. Tale proporzione può cambiare notevolmente in base alle tecniche di stabulazione e alle relative quantità di lettime utilizzato;
- il 70% circa dei solidi totali deriva dai capi produttivi (vacche in lattazione + vacche in asciutta), l'attenzione nell'analisi della mandria va pertanto accentrata su questa categoria di animali; • la percentuale dei capi da rimonta sui capi totali della mandria dipende da diversi fattori organizzativi, pertanto non è il numero assoluto di capi presenti che determina il potenziale produttivo, ma la composizione degli stessi.

Una volta definito il potenziale produttivo di solidi totali, il potenziale produttivo di biogas è ottenibile semplicemente moltiplicando la quantità di solidi totali escreti per la percentuale di solidi volatili in questi presenti e per la resa in metano:

$$Q_{CH4} = ST * \%SV * E * R$$

dove:
ST = quantità giornaliera/annua di solidi totali escreti;
$\% SV$ = percentuale di solidi volatili nei solidi totali;
E = efficienza di rimozione e/o perdita di potenziale produttivo in stalla (può andare da 0%, nel caso di sistemi di rimozione a raschiatore due volte a giorno, al 40-50% per sistemi con fossa di stoccaggio prolungato);
R = resa di conversione in metano.

In definitiva, per il potenziale produttivo di biogas e, quindi, della potenza elettrica installabile, l'analisi parte dalle escrezioni di solidi totali e dall'uso di paglia. Per quanto concerne, invece, il dimensionamento del volume del digestore occorre calcolare la quantità di effluente prodotto tenendo conto dei solidi totali escreti calcolati con la metodica vista precedentemente e delle analisi chimiche fatte sugli effluenti dei diversi ricoveri. Se, per esempio, tutti i solidi totali escreti fossero disponibili sotto forma di liquame e l'analisi chimica di questo portasse ad una concentrazione di 90 g/kg di solidi totali, le volumetrie prodotte sarebbero pari a:

$$Q_{liq} = ST / [ST] \ (t/giorno)$$

dove:

Q_{liq} = quantità di liquame prodotto (t/giorno o anno)
ST = quantità di solidi totali prodotti (kg/giorno o anno)
$[ST]$ = concentrazione di solidi totali nel liquame (g/kg)

Ovviamente nel caso di soluzioni miste andrà trovato il giusto equilibrio fra le quantità disponibili in forma palabile e forma pompabile, avendo presente che il quantitativo totale di solidi totali non potrà essere superiore a quello calcolato con la metodologia illustra

Caratteristiche indicative	Liquame bovino		Letame bovino	
	Valore medio	Intervallo	Valore medio	Intervallo
Sostanza secca – ST (%)	8,2	5,7-10,2	210	130-290
Sostanza organica – SV (%)	73	64-82	79	70-87
Azoto totale – NTK (%ST)	4,7	2,8-6,6	2,7	2,1-3,3
Produzione di biogas	0,30-0,45 (di cui 55% metano)		0,35-0,50 (di cui 55% metano)	

Fig. 3.12 – Caratteristiche medie dei liquami bovini e relativa produzione in termini volumetrici e di biogas/metano (Bovini da latte e biogas, Linee guida per la costruzione e la gestione di impianti, CRPA Emilia Romagna, 2012)

4 Direttiva nitrati

4.1 Digestato e direttiva nitrati

La direttiva 91/676/CEE (direttiva nitrati) del Consiglio del 12 dicembre 1991, riguarda la protezione delle acque dall'inquinamento provocato dai nitrati provenienti da fonti agricole.

Pur essendo un elemento essenziale per la fertilità del terreno, l'azoto solubile NO3 è responsabile della eutrofizzazione delle acque, rappresentante così un pericolo tossico per animali e per l'uomo. Il limite fissato per la potabilità delle acque è di 50 mg di nitrati per litro (direttiva 98/83/CEE).

Secondo la direttiva gli Stati dell'U.E. devono:

- Designare le zone vulnerabili;
- Definire programmi di azione.

Con il primo punto si devono individuare e mappare tutti i suoli che presentano un drenaggio delle acque inquinate verso le acque del sottosuolo che possono inquinarsi per l'eccessivo carico di nitrati.

Con il secondo punto, la direttiva invita a prevedere con appositi programmi di azione come evitare che succeda quanto descritto nel primo punto e pianificare opportuni monitoraggi. Alcuni di questi programmi di azione sono:

- Stoccaggio degli effluenti zootecnici;
- Divieto di spandimento di fertilizzanti in determinati periodi dell'anno;
- Equilibrio tra quanto la pianta (le colture) hanno bisogno e quanto azoto viene apportato con lo spandimento di fertilizzanti.

Dal punto di vista legislativo nell'ambito della Direttiva Nitrati il digestato è equiparato ad un effluente di allevamento.

La normativa regionale (D.G.R. n. 8/5868 del 7 novembre 2007) prevede in generale che "il digestato[...], possa essere utilizzato nel rispetto del bilancio dell'azoto, purché le epoche e le modalità di distribuzione siano tali da garantire un'efficienza media aziendale dell'azoto pari a

quella prevista per gli effluenti di allevamento." (Capo III, art. 14) e in particolare che:
1. "Qualora il digestato sia il risultato della fermentazione anaerobica di effluenti di allevamento, il limite d'uso agronomico è di 170 kg/N/ha per anno inteso come quantitativo medio aziendale";
2. "Qualora il digestato sia il risultato della fermentazione anaerobica di sola componente vegetale, il limite da applicarsi sarà quello dei 340 kg/N/ha per anno inteso come quantitativo medio aziendale".

All'art. 14 il Decreto 25/02/2016 così recita: Nelle zone non vulnerabili da nitrati (ZONE NON ZVN), la quantità di azoto al campo di origine zootecnica apportato da effluenti di allevamento, da soli o in miscela con il digestato agrozootecnico e agroindustriale prodotto con effluenti di allevamento, non deve superare il limite di 340 kg per ettaro per anno, inteso come quantitativo medio aziendale.

Mentre all'Art. 26 al comma 1, lo stesso Decreto recita che l'utilizzazione agronomica del digestato avviene nel rispetto del limite di azoto al campo di 170 Kg per ettaro in zone vulnerabili (ZONE ZVN) [...] al raggiungimento dei quali concorre per la sola quota che proviene dagli effluenti di allevamento.

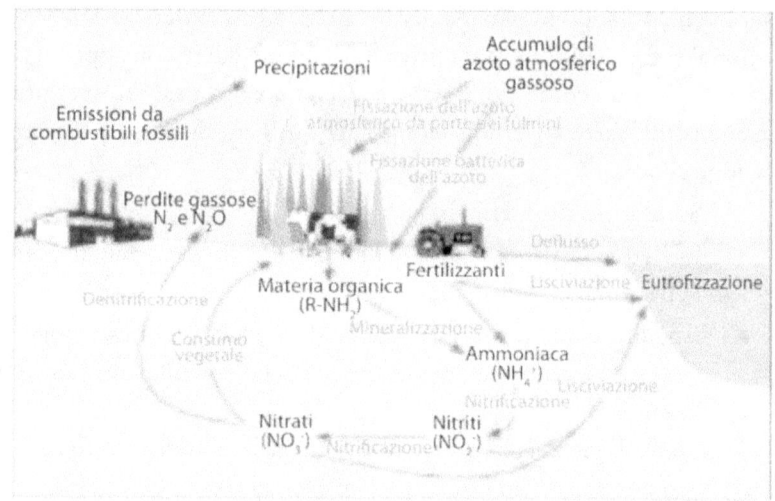

Fig. 4.1 – Ciclo nitrati

4.2 CARTA VULNERABILITÀ DEI SUOLI

In applicazione alla direttiva nitrati, ogni regione ha elaborato una carta della vulnerabilità dei suoli da nitrati di origine agricola, la quale definisce direttamente le zone dove è possibile spandere liquami con una certa quantità piuttosto che un'altra: le zone ZVN e NON-ZVN di cui si diceva nelle pagine precedenti.

Nella figura seguente è mostrata la copertina della Carta della vulnerabilità da nitrati di origine agricola, elaborata dalla Regione Calabria nel 2002.

Programma Interregionale "Agricoltura Qualità – misura 5"

Carta della vulnerabilità da nitrati di origine agricola
della Regione Calabria
Scala 1: 250.000

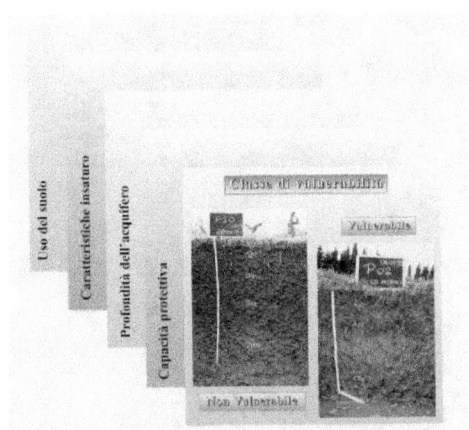

Monografia divulgativa 2002

Oltre alla Carta di cui sopra, ogni regione elabora anche delle carte specifiche dei suoli cui si elencano alcune caratteristiche intrinseci del suolo analizzato. Si caratterizzano la pedologia, il clima e regime pedoclimatico, la qualità del suolo con la sua appartenenza ad uno specifico sottoinsieme.

Tutte queste informazioni risultano essere molto utili quando si deve determinare il calcolo per ettaro di quantità di digestato che è possibile spandere secondo, appunto, la normativa vigente concernente i nitrati.

4.2.1 Caratterizzazione pedologica

(Dati desunti da "I suoli della Calabria" monografia divulgativa anno 2003, provincia pedologica n.1, sottosistema pedologico 1.4 pag. 52)

Clima e regime pedoclimatico

I dati climatici utilizzati sono quelli registrati dalla stazione termopluviometrica del Servizio Idrografico e Mareografico situata a Villapiana Scalo (5 m s.l.m.), riferiti al trentennio 1957-1987.

Le piogge, concentrate prevalentemente nel periodo autunno-invernale, raggiungono i valori massimi nel mese di novembre (77,2 mm) ed i minimi nel mese di luglio (10,2 mm).

La temperatura media mensile raggiunge il valore massimo nel mese di agosto (23,6°C) ed il valore minimo nel mese di gennaio (9,1°C).

Fig.4.2 - Provincia pedologica n.1, sottosistema pedologico 1.4

(Carta dei suoli Regione Calabria)

La media annuale delle precipitazioni è di 492 mm; la media annuale delle temperature è di 15,5°C.

Utilizzando i dati climatici registrati nella stazione di Villapiana Scalo, è stato costruito il diagramma ombro-termico di Bagnouls e Gaussen al fine di definire il periodo "secco".

Il clima secondo Thornthwaite e per una AWC di 150 mm è definito: Clima semiarido (D - indice di umidità globale pari a -38,18); con eccesso idrico molto piccolo o assente (d - indice di umidità pari a 2,53); di varietà climatica secondo mesotermico (B2'- evapotraspirazione potenziale pari a 796) ed una concentrazione estiva dell'efficienza termica (a'- rapporto percentuale fra il valore dell'evapotraspirazione potenziale dei mesi di giugno, luglio e agosto e quello della evapotraspirazione potenziale totale annua pari al 46,3% rilevato).

Sono stati presi in considerazione suoli con acqua disponibile (AWC) pari a 100, 150 e 200 mm e dall'elaborazione dei dati si riscontra un regime di umidità di tipo *xerico* per tutti i valori dell'AWC considerata.

Secondo la Soil Taxonomy, il regime di umidità xerico è tipico dei suoli la cui sezione di controllo dell'umidità è secca in tutte le sue parti per 45 o più giorni consecutivi entro i quattro mesi che seguono il solstizio d'estate, sei anni o più su dieci, ed è umida in tutte le sue parti per 45 o più giorni consecutivi entro i quattro mesi che seguono il solstizio d'inverno, sei anni o più su dieci.

Per quanto riguarda il regime di temperatura dei suoli, essendo la temperatura media annua della stazione pari a 15,5°C e seguendo la metodologia proposta dall'USDA secondo cui la temperatura del suolo a 50 cm di profondità viene ottenuta aggiungendo 1°C alla temperatura media annua dell'aria, risulta corrispondente al tipo *termico* caratterizzato da una temperatura media annua del suolo compresa tra i 15 ed i 20°C e da una differenza tra la temperatura media estiva e quella media invernale superiore a 6°C. Idrologia

Suoli

Nell'ambito della Provincia pedologica possono essere distinti tre grandi ambienti di formazione di suoli identificabili come: pianure recenti di origine fluviale o marina, terrazzi e conoidi antiche. Nel primo caso prevalgono suoli scarsamente evoluti (*Entisuoli*) a tessitura generalmente grossolana, da moderatamente profondi a profondi.

Sono il più delle volte calcarei, a reazione alcalina. Nella parte centrale della pianura sono presenti suoli idromorfi da moderatamente a fortemente salini. Sui depositi fluviali dei principali corsi d'acqua (Crati, Coscile ed impluvi minori) si rinvengono suoli con evidenze di stratificazioni legate alle diverse esondazioni fluviali (caratteri "*fluvici*").

Per la tassonomia si tratta, generalmente, di "*Entisuoli*" o "*Inceptisuoli*" *fluventici*. Sono suoli da moderatamente a molto profondi, a tessitura grossolana con presenza di scheletro, calcarei.

Localmente presentano fenomeni di idromorfia. Sulle antiche superfici terrazzate (terrazzi propriamente detti e conoidi terrazzate) prevalgono i suoli fortemente alterati (processo di rubefazione) con evidenze di lisciviazione dell'argilla. Sono suoli da moderatamente profondi a molto profondi, a tessitura franco-argillosa, scheletro da scarso a comune, privi di carbonati e a reazione da acida a subalcalina.

Sottosistema pedologico 1.4

Comprende la zona settentrionale della Piana di Sibari. Estesa complessivamente 5.900 ha, si snoda da Cassano sullo Ionio a Trebisacce in una fascia parallela alla linea di costa. Il substrato è costituito da sedimenti in prevalenza grossolani, di origine fluviale, ridistribuiti dal moto ondoso. La natura calcarea dei sedimenti è da ricondurre al bacino di alimentazione rappresentato dal massiccio del Pollino. Le quote variano da 0 a 8 m s.l.m.

- *Uso del suolo:* seminativo e frutteto (in prevalenza agrumi). Gli oliveti si rinvengono nelle zone più interne dell'unità
- *Capacità d'uso:* IIs - IVs - IVs
- *Suoli:* Associazione di MEA 1, BRA 1, TAO 1
- *Pedogenesi ed aspetti applicativi* Nei suoli MEA 1, da moderatamente profondi a molto profondi, la successione di orizzonti evidenzia processi pedogenetici non particolarmente espressi (*Inceptisuoli*). Sia il topsoil che il subsoil presentano un moderato grado di strutturazione, mentre la tessitura risulta da moderatamente grossolana a media (franco-sabbiosa, franco-limosa).

I campioni analizzati non evidenziano grandi variazioni spaziali nei valori tessiturali. Dal punto di vista agronomico non presentano particolari limitazioni di tipo fisico. La profondità utile alle radici è elevata, così come il volume di suolo esplorabile. La capacità di ritenuta idrica è elevata ed il drenaggio interno da buono a mediocre. Non si evidenziano, infatti, figure morfologiche riconducibili ad idromorfia. La conducibilità idraulica è moderatamente alta con valori superiori a 0,35 cm/h. La lavorabilità è buona. Sono caratterizzati da una capacità di scambio cationico moderatamente bassa.

Le caratteristiche fisiche di questi suoli determinano complessivamente un ambiente pedologico scarsamente protettivo rispetto al rischio di inquinamento degli acquiferi. Per ciò che riguarda gli aspetti chimici si tratta di suoli calcarei, a reazione alcalina e con basso contenuto in sali solubili.

Nelle aree più prossime all'unità 1.7 è presente la tipologia pedologica BRA 1, caratterizzata da più alto contenuto in scheletro (famiglia tessiturale *loamy skeletal*). Tali aree sono legate ad una maggiore capacità di trasporto da parte di torrenti che, scendendo dal massiccio del Pollino, divaganonella pianura.

Nelle zone più vicine all'attuale linea di costa, in corrispondenza di cordoni dunali più o meno evidenti, sono presenti suoli più grossolani con scheletro da scarso a comune, a tessitura uniformemente sabbiosa lungo tutto il profilo e a drenaggio rapido (TAO1 - *Typic Xeropsamment*).

Classificazione vulnerabilità nitrati

Secondo la classificazione della carta della vulnerabilità da nitrati di origine agricola della Regione Calabria a cura dell'ARSSA settore servizi tecnici di supporto, i terreni interessati allo spandimento del digestato sono tutti ricadenti in ZONE AGRICOLE VULNERABILI che ammettono pertanto la quantità di affluenti non deve determinare, in ogni singola azienda o allevamento, un apporto di azoto superiore a 170 Kg. per ettaro e per anno;

Caratteristiche fisico-chimiche del top-soil N° campioni analizzati: 18			
	Valore medio	Errore standard	Deviazione standard
Argilla (%)	12	±1.81	±7.7
Sabbia tot (%)	65	±2.95	±12.5
pH (H_2O)	7.94	±0.05	±0.23
Effervescenza	3	±0.16	±0.7
S.O. (%)	1.95	±0.10	±0.44
Conducibilità (mS/cm)	0.40	±0.08	±0.34

Fig. 4.3 – Caratteristiche fisico-chimiche del top soil (Carta dei suoli Regione Calabria)

Fig. 4.4 - Classificazione suoli alla vulnerabilità da nitrati, costa jonica, Sibari (CS) - (Carta dei suoli Regione Calabria)

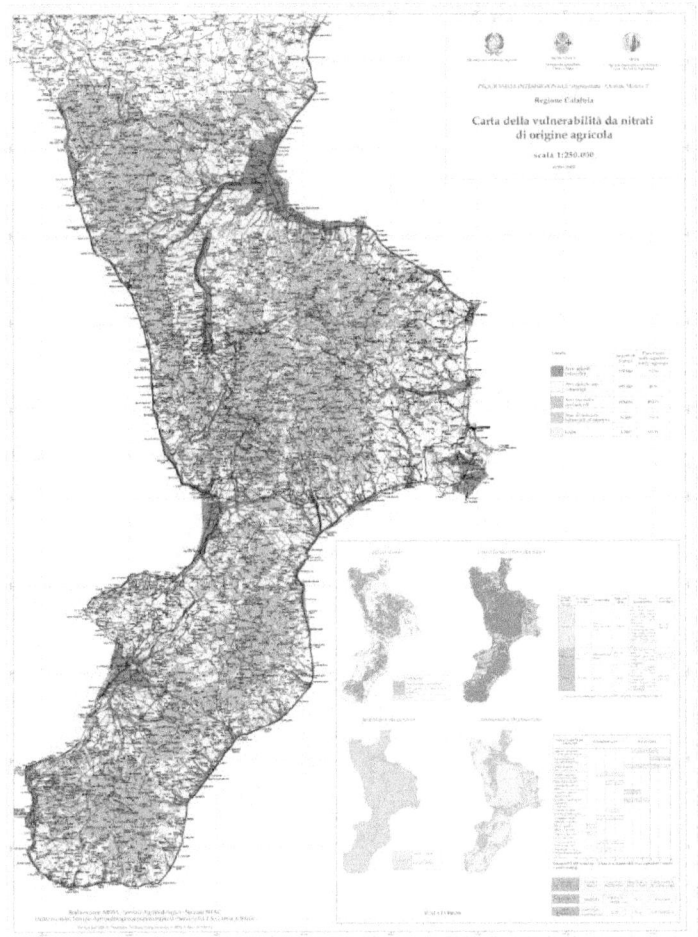

Fig. 4.5 – Carta dei suoli alla vulnerabilità da nitrati di origine agricola della Regione Calabria. (per la leggenda, cons la fig.5.5)

Legenda	Superficie in ettari	Percentuale sulla superficie totale regionale
Aree agricole vulnerabili	170.000	11 %
Aree agricole non vulnerabili	692.000	46 %
Aree forestali e seminaturali	610.000	40,5 %
Aree urbanizzate, industriali ed estrattive	36.000	2,4 %
Laghi	1.500	0,1 %

Fig. 4.6 – leggenda della Carta di figura 5.4

4.2.2 Adempimenti

Le aziende devono, in concreto, rispettare le seguenti norme:

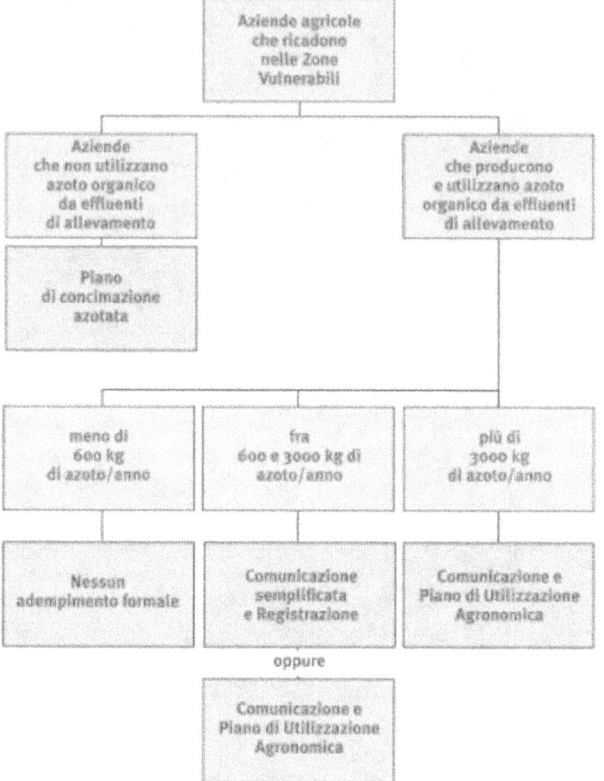

Fig. 4.7 Adempimenti delle aziende agricole.

- Divieto di utilizzo degli effluenti di allevamento (letame e liquami). L'utilizzo agronomico degli effluenti è vietato sui terreni in pendenza, incolti, innevati o gelati, nei boschi, in prossimità di corsi d'acqua superficiali, di laghi o di acque marine. L'utilizzo dei materiali organici e dei concimi azotate è vietato dal 1° dicembre alla fine di febbraio;
- La limitazione dell'applicazione al terreno degli effluenti di allevamento e degli altri fertilizzanti in base al tipo di coltura, alle condizioni climatiche alla modalità di svolgimento dell'irrigazione, alle condizioni del terreno;
- Le dosi di applicazione degli effluenti di allevamento e degli altri fertilizzanti azotati non può superare, come stabilito dalla direttiva

europea, un apporto di azoto superiore ai 170kg/ha/anno;
- Le tecniche di distribuzione degli effluenti di allevamento;
- Le modalità di stoccaggio, le capacità e i requisiti dei contenitori per gli effluenti di allevamento. L'adempimento delle aziende localizzate nelle zone vulnerabili si diversifica a seconda dell'utilizzo o meno dell'azoto organico (come nella figura 5.6).

4.3 CALCOLO SPANDIMENTO DIGESTATO

4.3.1 Premessa

Il Piano di Utilizzazione Agronomica (PUA) degli effluenti zootecnici contiene le informazioni utili per la valutazione dei fabbisogni azotati delle colture al fine di calcolare le dosi di liquami zootecnici da applicare al terreno e l'individuazione delle tecniche agronomiche di spandimento più idonee sulla base delle condizioni pedologiche climatiche ed organizzative dell'azienda. Lo spandimento, infatti, deve essere commisurato alle esigenze nutritive delle coltivazioni, praticato nei periodi di effettiva asportazione di azoto da parte della coltura, e deve essere compatibile con le caratteristiche pedo-climatiche specifiche del sito nel rispetto della salvaguardia ambientale.

Il Decreto 25 febbraio 2016 all'Art. 26 comma 2 impone che il calcolo dell'azoto nel digestato sia effettuato secondo le indicazioni dell'Allegato IX.

4.3.2 Calcolo dei fabbisogni colturali di azoto. Algoritmo di calcolo

Il Piano di Utilizzazione Agronomica è uno strumento che raccoglie le informazioni utili alla gestione della fertilizzazione con particolare riguardo all'azoto e si basa sul bilancio degli elementi nutritivi. Tale bilancio è realizzato a scala di appezzamenti aziendali (Unità di Paesaggio Aziendale) considerati uniformi per tipologia di suolo, livello di fertilità, rotazione delle colture e gestione agronomica.

Il Piano di Utilizzazione Agronomica è finalizzato a dimostrare l'equilibrio tra il fabbisogno prevedibile di azoto delle colture e l'apporto alle stesse secondo la equazione:

$$N_{(apportato)} = N_{(asportato)}$$

tale equilibrio si basa sulla seguente equazione di bilancio tra gli apporti di elementi fertilizzanti e le uscite di elementi nutritivi:

$$Mc + Mf + An + (kc \times Fc) + (ko \times Fo) = (Y \times b)$$

Nell'equazione sopra riportata i termini a sinistra rappresentano le voci di apporto azotato alle colture, i termini a destra le voci di asporto. Le perdite di azoto sono prese in considerazione attraverso i coefficienti di efficienza della fertilizzazione (kc e ko).

Oppure attraverso l'utilizzo del MAS (Massimo Apposto Standard):

$$MAS \geq K_o * F_o$$

Procedimento utilizzato nella presente relazione come dettato dal Decreto 25/02/2016 all'Art. 26, comma 2

4.3.3 Coefficiente di efficienza dei liquami provenienti da allevamento

Considerando il livello di efficienza fertilizzante come ALTO, e tenendo presente che la composizione del digestato è di origine bovino che presentano coefficienti di efficienza dei liquami provenienti da allevamento (in %), per il livello di efficienza fertilizzante considerato, nella presente relazione si ammette un coefficiente medio di 55.

4.3.4 MAS

Ad esempio, consideriamo per la coltura in atto il valore MAS del MAIS pari a 210 per come riportato nell'Allegato IX del Decreto 25 febbraio 2016: Mais (in ambienti classificati non irrigui) per una produzione stimata di circa 10 t/ha di granella;

Normativa nitrati:

Essendo l'area considerata come esempio ricadente in area ZVN, la normativa impone in aree ZVN il limite di 170 Kg di N(zoot) /Ha.

ESEMPIO DI CALCOLO SPANDIMENTO DIGESTATO: COLTURA MAIS

Il digestato fornito dall'Azienda concedente è classificato come Digestato AGROZOOTECNICO di provenienza al 100% zootecnica. Da questa premessa:
Fo = 210 / .55 = 381 Kg di N da distribuire.
Essendo la frazione zootecnica pari a 1, cioè 100%, tutto Fo è di origine zootecnica e risulta essere superiore al valore del MAS. Il vincolo dei 170 Kg di N non è rispettato! Per cui si impone al calcolo che Fo sia al massimo uguale a 170 Kg di N.
Calcolo Azoto efficiente:
Neff = Titolo N digestato * ko = 3.96 * .55 = 2.18 Kg di Neff
Calcolo quantità di digestato che contiene la quantità di Neff = 2.18 Kg di Neff
Q = 170 / 2.18 = 78 tonnellate di digestato per ettaro.
Ma il fabbisogno di N per la coltura MAIS è di: 150 Kg di N per una produzione attesa di 10 t/ha, quindi:
Q = 150 / 2.18 = 68.80 tonnellate di digestato per ettaro.

DISTRIBUZIONE DIGESTATO
Si esegue un calcolo della distribuzione di digestato, avendo calcolato il dato di digestato per ettaro che è possibile distribuire sul suolo rispettando la normativa nitrati.

ECCEDENZA DIGESTATO
L'eventuale eccedenza di digestato fornito dall'Azienda XY, pari a circa *abc* mc, viene stoccato presso la stessa azienda per essere utilizzato nell'annualità successiva a questa della redazione del presente PUA eventualmente integrato con altro digestato.

5 ENERGIA E DIGESTATO DA IPOTESI DI PROGETTO

5.1 PRODUZIONE E UTILIZZO DI ENERGIA ELETTRICA

La conversione di energia primaria (tipicamente fornita da un combustibile) in energia meccanica e/o elettrica, comporta, indipendentemente dalla tecnologia, la produzione di una quota parte di calore che viene normalmente dissipato nell'ambiente esterno. Con la cogenerazione è possibile recuperare gran parte di questo calore altrimenti perso, con rilevanti risparmi economici ed energetici.

Cogenerare significa quindi produrre contemporaneamente energia termica ed elettrica, entrambe intese come effetto utile.

Anche ai fini del raggiungimento degli obiettivi 20/20/20, il valore della cogenerazione è stato da tempo ufficialmente riconosciuto dall'Unione Europea con la direttiva 2004/8/EC.

Affinché un impianto di cogenerazione sia riconosciuto come *Cogenerazione ad Alto Rendimento* (CAR), la sua produzione di energia elettrica/meccanica e termica deve rispettare determinati vincoli, definiti nel Decreto legislativo 8 febbraio 2007, n. 20 e nel decreto integrativo DM 4 agosto 2011"

Un impianto di cogenerazione ha principalmente i seguenti vantaggi:
- Risparmio di energia primaria in media del 30%;
- Riduzione delle emissioni inquinanti;
- Minori perdite di distribuzione per il sistema elettrico nazionale;
- Se correttamente dimensionato, l'impianto di cogenerazione risulta l'investimento con il miglior Return of Investments;
- È la tecnologia con la più alta riduzione di CO_2 in relazione all'investimento.

In merito a quest'ultimo punto, ecco ad esempio la riduzione specifica di CO_2 ogni 1.000 € investiti:
- o Solare termico: 180 ÷ 360 kg/anno evitati;
- o Fotovoltaico: 200 ÷ 580 kg/anno evitati;
- o Micro cogenerazione: 480 ÷ 800 kg/anno evitati;

o   Cogenerazione: 600 ÷ 1000 kg/anno evitati

In figura Fig. 7.5 è illustrato un esempio di risparmio ottenibile con un impianto da 1 MW nel settore alimentare che consente un payback in 2 anni. [CGT.it]

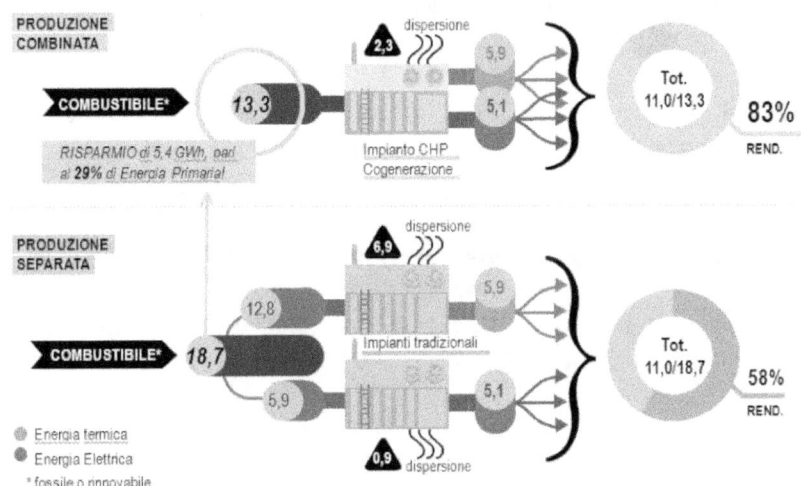

Fig. 5.1 – Confronto produzione combinata vs separata (CGT.it)

La Bioelectric Italia è un'azienda che nasce nel 2009 in Belgio che produce impianti di biogas in diverse taglie: 11kW, 22 kW, 33kW, 44 kW. Gli impianti di biogas sono impianti da utilizzare in realtà agricole zootecniche.

In questo capitolo si tratterà di dati di progetto per la realizzazione di questi impianti. Nel particolare si confronterà l'energia prodotta dall'impianto in base alla composizione della matrice di ingresso e con la quantità di digestato prodotto.

Nella tabella che segue (Tab. 6.1), si correla la potenza dell'impianto con il numero di vacche adulte previste per la produzione del previsto quantitativo di liquame (tonnellata al giorno) e il necessario stoccaggio dello stesso in metri cubi. L'Azienda annota per quanto riguarda lo stoccaggio che esso dipende dalla diluizione del liquame in partenza, cioè appena raccolto dalle stalle.

Ad esempio per un impianto di potenza di 22 kW, lo stesso necessita di circa 12 tonnellate al giorno di liquame che si stima essere prodotto da

125 capi di vacche adulte.

La stessa cosa può essere fatta per allevamenti zootecnici di tipo suinicolo.

La matrice di ingresso in questo secondo caso è diversa. Infatti per produrre più o meno lo stesso quantitativo di liquame, c'è bisogno di 2500 suini (peso vivo medio di 1 quintale) per la stessa potenza di impianto (22kW).

Tab. 5.1

Capi in LATTAZIONE – Vacche adulte				
Potenza [kW]	[n°]	Liquame [t/d]	Stoccaggio [m3]**	
			nord	sud
11	40-80	4-8	750-1.500	500-1.200
22	100-150	8-16	1.500-3000	1.000-2.400
33	170-220	12-24	2.250-4.500	1.500-3.600
44	240-300	16-32	3.000-6.000	2.000-4.800

Tab. 5.2

Suini da ingrasso – peso vivo medio 100 kg				
Potenza [kW]	[n°]	Liquame [t/d]	Stoccaggio [m3]**	
			nord	sud
11	1.000-1.500	7-10	750-1.500	500-1.200
22	2.000-3.000	14-20	1.500-3000	1.000-2.400
33	3.000-4.500	21-30	2.250-4.500	1.500-3.600
44	4.000-6000	28-40	3.000-6.000	2.000-4.800

In questa simulazione non sono riportate le analisi quali e quantitative del digestato prodotto, alfine di individuate la quantità di N che poi determina l'utilizzabilità del digestato stesso in termini di quantitativo per ettaro.

La tabella Tab. 6.3 mostra i vantaggi economici delle varie pezzature di potenza di impianti di biogas, con il loro tempo di ritorno e la rendita calcolata nell'arco di 20 anni secondo normative vigenti.

Le UBA (Unità Bovino Adulto) che abbisognano per soddisfare la richiesta di un impianto di biogas che deve possedere quella determinata potenza, sono mediamente, per gli impianti prodotti dalla Azienda, 60 UBA per un impianto di 11 kW, 120 per quello da 22 kW.

Un dato interessante è quello che correla i consumi di allevamento verso la produzione dell'impianto. Dal grafico di figura 6.1, si nota che la produzione dell'impianto in termini di energia elettrica (kWh/anno) per un impianto di 22 kW è circa il doppio di quanto l'azienda utilizza per consumo nell'allevamento di 120 UBA.

Tab. 5.3
- Funzionamento = 8.000 h/anno
- Autoconsumo di legge = 11%
- Incentivo energia elettrica = 0,233 €/kWh
- Recupero calore in surplus = 0,10 €/kWh

Taglia impianto	Vantaggi annui	Tempo di ritorno	Vantaggio netto* 20 anni	Rendimento annuo	Rendita 20 anni
11 kW	€ 21.509	7,7 anni	€ 201.048	11,9 %	166 %
22 kW	€ 42.179	6,0 anni	€ 483.914	15,9 %	236 %
33 kW	€ 63.688	5,1 anni	€ 802.001	19,1 %	297 %
44 kW	€ 84.357	4,7 anni	€ 1.104.678	21,1 %	335 %

* Al netto del costo di acquisto iniziale e dei costi di manutenzione totali nei 20 anni

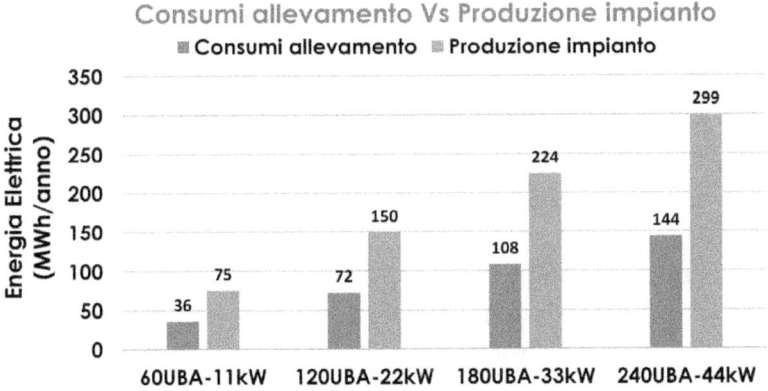

Si considera il **consumo elettrico medio dell'azienda** zootecnica pari a **600 kWh/anno/UBA**

Fig. 5.2 – Consumi allevamento vs produzione impianto

6 ECOSOSTENIBILITÀ IMPIANTI DI BIO-GAS PER ALLEVAMENTI ZOOTECNICI

6.1 IMPIANTI DI BIOGAS ED EMISSIONI DI GAS SERRA DEL SETTORE AGRICOLTURA

I principali gas serra sono:

Ammoniaca (NH_3) e Protossido di azoto (N_2O)

L'ammoniaca è il precursore del protossido di azoto e del particolato atmosferico (PM) fine, che è dannoso per la salute umana ed altera la visibilità atmosferica; la sua deposizione causa l'acidificazione dei suoli e l'eutrofizzazione delle acque.

Il protossido di azoto è un potente gas serra, con un effetto pari a circa 270 volte quello dell'anidride carbonica (CO_2). Viene prodotto da condizioni di microaerofilia dello stoccaggio del letame, ma anche dai terreni dove viene distribuito il letame o liquame tal quale.

In ambito zootecnico le emissioni di ammoniaca sono generate dalle fermentazioni microbiche a carico dell'azoto presente nelle deiezioni (feci e urine) e avvengono in tutte le fasi di gestione, dal momento dell'escrezione nel ricovero fino alla distribuzione in campo del letame tal quale.

In particolare, l'ammoniaca si forma sia per idrolisi enzimatica dell'urea presente nelle urine ad opera dell'enzima ureasi, sia per degradazione microbica della proteina non digerita presente nelle feci. La prima reazione è particolarmente veloce perché l'enzima ureasi è prodotto dai microrganismi naturalmente presenti nelle deiezioni: nelle normali condizioni di allevamento l'urea presente nelle urine viene trasformata in ammoniaca nel giro di poche ore. La liberazione di ammoniaca dalle feci invece richiede tempi più lunghi per il processo di mineralizzazione, e si realizza tipicamente durante uno stoccaggio prolungato delle deiezioni. Una volta prodotta, l'ammoniaca tende a volatilizzare rapidamente e aumenta all'aumento della temperatura ambiente o della ventilazione sulla superficie interessata dalle deiezioni.

Il contributo del settore agricoltura è valutabile intorno al 94% delle emissioni totali nazionali di ammoniaca. Le fonti principali sono la gestione delle deiezioni animali (nei ricoveri, allo stoccaggio e allo spandimento) e l'utilizzo dei fertilizzanti azotati.

Metano CH_4.
Il metano è un gas serra con effetto termico circa 23 volte superiore a quello dell'anidride carbonica. Il metano in ambito agricolo è prodotto per via enterica direttamente dalle fermentazioni ruminali (dagli animali), e dalle fermentazioni delle deiezioni non digerite. I liquami e letami stoccati in attesa di essere inviate al digestore producono spontaneamente metano.

CO_2
L'anidride carbonica è un gas inerte con potere climalterante inferiore ad altri gas, tuttavia è presente in quantità maggiori.

In un impianto di biogas la CO2 viene prodotta sia dal processo di digestione anaerobica che dalla combustione del biogas negli impianti dotati di generatore o cogeneratore, finendo nell'atmosfera come gas di scarico.

Tuttavia l'effetto climalterante della CO2 di scarico del cogeneratore, o della CO2 risultante dall'upgrading del biogas, è decisamente minore di quello che produrrebbe la fermentazione spontanea delle deiezioni animali e degli scarti agricoli. Inoltre che la CO2 emessa da un impianto di biogas è *neutra*, perché il carbonio che la compone non proviene da fonti fossili e dunque non altera il bilancio di carbonio globale. [M. A. Rosato, Agronotizie, 2019]

Il contributo del settore agricoltura alle emissioni di gas serra, in Italia vale circa il 7% del totale nazionale di gas ad effetto termico.

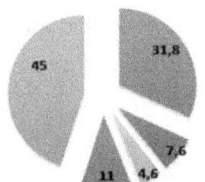

Grafico 2. Contributi delle diverse fonti alle emissioni di gas serra dall'agricoltura: 31,8% metano da fermentazione enterica, 7,6% metano da gestione deiezioni, 4,6% metano da coltivazione riso, 11% protossido da gestione deiezioni, 45% protossido da suoli agricoli (ISPRA, Inventario n. 162/2012).

Fig. 6.1 – Contributi delle diverse fonti alle emissioni di gas serra in agricoltura (ISPRA, 2012)

6.2 FFETTO DI RIDUZIONE DI GAS SERRA DA UNA CORRETTA PROGETTAZIONE DELLO STOCCAGGIO DEL DIGESTATO.

Un'azienda agrozootecnica che si dota di un impianto di biogas, proprio perché impiega letame e liquame degli allevamenti per la produzione di energia, non distribuisce direttamente sul terreno i reflui. Tuttavia, se l'impianto non è ben progettato, commette l'errore grossolano di stoccarli a cielo aperto in vasche appositamente costruite, in attesa di essere immessi nel digestore.

Il metano prodotto (ma anche ammoniaca), contribuiscono, in questa fase ad abbassare notevolmente l'indice di sostenibilità eco-ambientale dell'impianto stesso. Verosimilmente in questa fase di primo e grossolano stoccaggio a cielo aperto, una parte di metano è perso, mentre viceversa potrebbe essere recuperato.

Anche il digestato appena prodotto dal digestore e inviato alla vasca di stoccaggio (per essere separato nella sua frazione liquida e solida) continua a produrre metano, perché il processo fermentativo non è terminato. Vale la pena ricordare che il digestato appena uscito dal digestore è ancora ad una temperatura ideale per i processi fermentativi.

Come per lo stoccaggio dei reflui appena prodotti e in attesa di essere inviati al digestore, anche lo stesso digestato dovrebbe venire stoccato in vasche coperte con possibilità di recupero della quota di biogas prodotta durante questa fase.

6.2.1 Riduzione di gas serra per corretto stoccaggio dei reflui e del digestato da impianti di biogas.

Lo stoccaggio dei liquami o del letame può essere, anzi deve essere, una variabile progettuale da tener in considerazione fin da subito. Di seguito alcune soluzioni.

6.2.1.1 Stoccaggio dei liquami non palabili (liquami)

Lo stoccaggio degli effluenti non palabili è un ambiente tipicamente anaerobico favorevole allo sviluppo di fermentazioni metanigene; allo stesso tempo, dalla superficie libera dei liquami si libera ammoniaca per volatilizzazione.

È invece trascurabile la produzione di protossido di azoto. Per ridurre le emissioni dagli stoccaggi è fondamentale ridurre la superficie a contatto con l'aria. A questo scopo le misure da intraprendere sono essenzialmente due:

- realizzare bacini di stoccaggio con un ridotto rapporto superficie/volume;
- la copertura dei bacini di stoccaggio

Fig. 6.2 – Struttura coperta con telo per lo stoccaggio di liquame (non palabile) (web)

Una interessante soluzione è rappresentata da contenitori a sacco, come quello in figura Fig. 7.3. Rappresenta una valida alternativa alla costruzione di vasche in C.A. perché:
- è una struttura contenitiva coperta;
- basso impatto visivo:
- struttura rimovibile all'occorrenza.

Tuttavia questo tipo di struttura è da destinare al solo stoccaggio dei liquami non palabili, poiché a differenza delle vasche, il deposito solido renderebbe difficoltoso e di molto le operazioni di scarico.

Fig. 6.3 – Contenitore a sacco per esclusivo stoccaggio di reflui liquidi. (web)

6.2.2 Stoccaggio dei liquami palabili (letame)

Un cumulo di letame ben strutturato ed eventualmente rivoltato garantisce la maturazione aerobica della sostanza organica. In queste condizioni, si generano emissioni principalmente di vapore acqueo e anidride carbonica. Emissioni di ammoniaca si verificano principalmente nelle prime fasi di stoccaggio, soprattutto se il materiale ha un rapporto Carbonio/Azoto non ottimale (< 25-30), tale da comportare una liberazione dell'azoto in eccesso rispetto alle esigenze metaboliche dei microorganismi aerobi: cosa comune nel caso delle lettiere avicole ma meno frequente per le lettiere bovine, caratterizzate da una buona presenza di materiale ligneo-cellulosico (il materiale di lettiera).

Inoltre, in queste condizioni, si ottiene l'abbattimento della fermentescibilità e la riduzione della carica patogena eventualmente presente per effetto dell'aumento della temperatura del cumulo. Il risultato è un prodotto stabilizzato dal punto di vista delle fermentazioni e degli odori e sanitizzato, con caratteristiche agronomiche migliori rispetto al letame di partenza. Fondamentale è dunque la copertura delle concimaie con coperture di tipo rigido che evitando l'ingresso delle acque meteoriche garantiscono il corretto sviluppo delle fermentazioni aerobiche del materiale in stoccaggio, e la conservazione delle caratteristiche di palabilità del materiale. [Veneto Agricoltura]

Fig. 6.4 – Stoccaggio digestato al coperto, protetto da acqua meteorica. (Martino)

6.3 Criteri per una produzione sostenibile di energia da impianti di biogas.

Ci sono almeno tre buone ragioni per essere favorevoli al biogas.

1. il contributo che la produzione di biogas può dare all'uscita dal fossile (e nell'immediato alla riduzione dell'utilizzo di fonti fossili), in quanto è una fonte rinnovabile (come le biomasse solide e liquide) non intermittente, che può produrre elettricità per tutto il giorno e tutto l'anno. Tanto che il biogas è una delle fonti energetiche più importanti per il raggiungimento in Italia degli obiettivi europei fissati dall'Unione Europea per il 2020 (20% di energia da fonti rinnovabili sul consumo energetico lordo e 10% sul consumo energetico finale nel settore dei trasporti);
2. una grande opportunità per l'agricoltura e l'ambiente, nella misura in cui concorre all'integrazione del reddito agricolo, alla valorizzazione dei suoi sottoprodotti che altrimenti sarebbero trattati come rifiuti tout court.
3. Gli impianti di biogas, specialmente di piccola taglia, alla stessa stregua degli impianti fotovoltaici, sono una fonte di energia distribuita.

Tuttavia, soprattutto negli anni passati, il biogas è stato anche occasione di iniziative speculative che poco hanno avuto a che fare con l'uso sostenibile delle risorse naturali dei territori, e in alcuni casi, impianti mal gestiti hanno prodotto forti problemi nell'accettazione sociale anche agli operatori più virtuosi. Ad acuire la confusione, poi, si è aggiunta la preoccupazione per la possibile diffusione di batteri patogeni attraverso il ciclo del digestato e lo spargimento sui suoli del compost di qualità da esso prodotto. [Legambiente]

Utilizzare biometano, significa consentire all'Italia di raggiungere l'obiettivo del 10% di carburanti alternativi, imposti dall'Unione Europea sulle Fonti Rinnovabili.

6.3.1 Il problema dell'origine delle materie prime in impianti di biogas in aziende agricole.

Data l'elevata redditività del biogas, parecchi investitori, spesso estranei al mondo agricolo, hanno preso in affitto terreni agricoli con l'obiettivo di utilizzare in prevalenza o in toto le materie prime a più alto rendimento, ossia gli insilati di colture dedicate: sorgo, triticale ma soprattutto mais. Se da un metro cubo di liquame suino infatti si possono ottenere in media 16 m3 di biogas, da un metro cubo di silomais se ne ottengono 4 volte tanto: 68 m3 di biogas. Il rendimento in energia per ettaro del silomais (20-26 MWhe/ha) consentiva, con gli incentivi precedenti al nuovo decreto sulle rinnovabili di luglio 2012, un ricavo lordo annuo di 5.500-7.500 euro/ha. E' evidente che nessun seminativo per usi alimentari oggi può consentire simili ricavi. Questa rincorsa alle più alte rese del silomais genera due effetti negativi: l'occupazione delle terre irrigue migliori (con un rilevante uso di acqua) e la lievitazione eccessiva dei canoni di affitto dei terreni agricoli, come di fatto sta avvenendo in Emilia, Lombardia e Veneto. Con questo approccio è inevitabile che la produzione di biogas vada a detrimento delle produzioni ali-mentari. Il primo criterio del biogas sostenibile è che le materie prime derivino principalmente dal fondo di proprietà del gestore e che la loro produzione sia fatta in integrazione e non in sostituzione della produzione agricola tradizionale. [Legam-biente]

Per essere sostenibile un impianto di biogas nella filiera agrozootecnica, si deve privilegiare l'uso di scarti agricoli vegetali e non coltivazioni energetiche appositamente destinate all'integrazione della matrice di carico del digestore. Al limite, privilegiare per questo tipo di coltivazioni l'[...] utilizzo di terreni agricoli abbandonati o marginali. L'inserimento di colture energetiche su questi terreni con colture ad alta efficienza di carbonio, anche pluriennali (ad es. canna comune), aumentando la produzione lorda vendibile (PLV) dell'azienda agricola, anziché fonte di competizione col cibo, può essere l'opportunità di riavviare colture alimentari, che oggi di per sé non darebbero reddito sufficiente, e sostenere l'agricoltura di montagna e di collina. [Legambiente]

6.3.2 Riduzione di gas serra per valorizzazione della CO_2 da impianti di biogas.

Consideriamo il processo di gestione / produzione di biogas come un reale processo circolare. Il ciclo parte dall'anidride carbonica prodotta dall'impianto di biogas (cogeneratore) che viene assorbita per fotosintesi dalle piante che rappresentano l'alimento degli animali allevati i quali producono il letame che è il prodotto utilizzato dall'impianto.

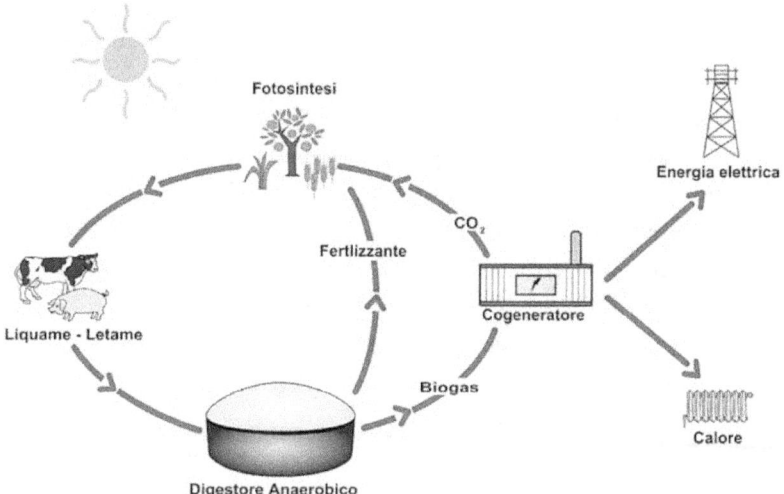

Fig. 6.5 – Ciclo naturale dell'impianto di biogas (web)

L'analisi dei dati delle emissioni evitate per un tipico impianto di biogas di 22 kW è, come mostrato in figura 6.2, tenuto presente la riduzione di anidride carbonica prodotta dai vari componenti dell'impianto stesso: calore, elettricità e liquame.

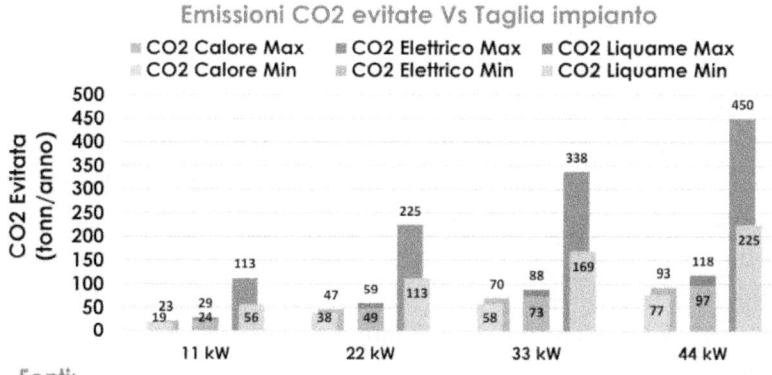

Fonti:
- «Reducing the environmental impact of methane emissions from dairy farms by anaerobic digestion of cattle waste», Maranon et. al., Waste Management 31, 2013
- «Consumi energetici e produzione di energia fotovoltaica in zootecnia», RER CRPA, Suppl. Agricoltura 47, 2011
- «Emissioni in atmosfera, l'impronta che non si vede», RER CRPA, 2013

Fig. 6.6 – emissioni di anidride carbonica evitate a secondo della potenza impianto biogas

Si è già trattato della CO2 come gas serra. E dalla fig. 6.3 si evince facilmente la neutralità dell'emissione dell'anidride carbonica di un impianto di biogas: il carbonio del gas non proviene da fonti fossili.

Tuttavia se si considera la tempistica, è altrettanto vero che il ciclo che vede protagonista questo gas è abbastanza rapido, e se si considera che molta della matrice di ingresso del biodigestore proviene da coltivazioni energetiche dedicate, potrebbe sorgere qualche legittimo dubbio circa appunto la effettiva sostenibilità dell'impianto.

Bisogna quindi, già in fase di progettazione, considerare forme alternative di valorizzazione del gas CO2. Di seguito qualche esempio:

Coltivazioni in serre.

Vi sono già esempi di aziende agricole che massimizzano il concetto di economia circolare, utilizzando il calore residuo dei cogeneratori ed una piccola frazione della CO2 dei gas di scarico per arricchire l'aria delle coltivazioni in serra. L'utilizzo di atmosfere ricche di CO2 potenzia la fotosintesi, e quindi la produttività delle piante, ma ha limiti biologici, oltre che economici. Non tutte le piante reagiscono allo stesso modo alle alte concentrazioni di CO2: il mais, il riso ed il frumento mostrano segni di sofferenza quando si superano le 12mila ppm (0,10 - 0,12%), la *Toxicodendron radicans* cresce più vigorosamente con circa 600 ppm di CO2. Ricordiamo che il livello di CO2 atmosferica monitorato dall'osservatorio Mauna Loa ha raggiunto il record di 411,77 ppm a luglio 2019, lo 0,7% in più rispetto a luglio 2018.

Il principale fattore limitante del recupero di CO2 mediante coltivazione in serra è il costo: è necessario un forte investimento in tubi, soffianti, dosatori, sistemi di controllo della concentrazione del gas, scambiatori di calore, eventuali lampade Led per consentire la fotosintesi anche durante la notte, oltre al costo delle serre stesse e dell'elettricità per far funzionare tutto il sistema. La maggiore crescita delle piante, indotta dall'arricchimento con CO2, comporta anche un maggiore consumo di acqua e nutrienti. [Agronotizie]

Irrigazione con acqua gasata.

La CO2 è un gas molto solubile in acqua. Con tale sistema è facile saturare l'acqua irrigua, portando la CO2 direttamente alle radici delle piante.

Sono ben cinque i meccanismi che contribuiscono ad aumentare la produttività delle piante - fra 2% e 9% - quando queste vengono irrigate con "acqua gasata":

• Variazione del tasso di nitrificazione e quindi della disponibilità di azoto;

• variazione della testura del suolo e del pH, e quindi della disponibilità di altri nutrienti;

• assorbimento della CO2 attraverso le radici, da dove viene trasportata alle foglie aumentando il tasso fotosintetico;

• variazione dei livelli ormonali della pianta;

• variazione della velocità di decomposizione degli agrofarmaci nel suolo.

Contrariamente a quanto si potrebbe immaginare, l'assorbimento di CO2 attraverso le radici influisce solo per l'1%, mentre il maggior contributo all'aumento di produttività è dato dalla variazione dei livelli ormonali della pianta. Comunque sia, l'irrigazione con acqua arricchita di CO2 è abbastanza semplice da implementare, con costi impiantistici limitati al solo scrubber perché in genere tutte le aziende agricole sono già dotate di impianto di irrigazione.

Coltivazione di alghe unicellulari per biocarburanti.
In Italia l'unico esempio di recupero della CO_2 da un impianto di biogas per la coltivazione di microalghe (*Spirulina platensis*) è ad Oristano.

Conversione biologica della CO_2 in CH_4.
Il 70% del metano prodotto, durante la digestione anaerobica, proviene dalla decomposizione dell'acetato, mentre il restante 30% proviene dalla conversione diretta della CO_2 e l'H_2 in CH_4 o dalla conversione della CO_2 e l'H_2 in acetato, che poi viene ulteriormente metanizzato. Sintetizzando: l'aggiunta di H_2 al digestore consentirebbe alla famiglia delle *Archaea* metanogeniche di "riciclare" la CO_2 e di massimizzare la produzione di CH_4. Il risultato è un biogas arricchito, con tenori di metano che vanno dal 75% al 90%, e teoricamente potrebbe raggiungere il 100%.

Produzione di bevande gassate con CO_2 da biogas.
Diversi costruttori di impianti di upgrading criogenico e impianti di

biogas propongono di valorizzare l'anidride carbonica nella produzione di bevande. Rimane dubbia la convenienza economica rispetto all'utilizzo della CO_2 fornita dalle aziende specializzate in gas tecnici, e se i colossi dell'industria delle bevande gassate sarebbero disponibili ad acquistarne una quantità alla fine irrisoria da una miriade di fornitori. Non è un metodo molto fattibile!

7 CASO STUDIO

7.1 PROGETTAZIONE

L'energia prodotta da un impianto a biogas è proporzionale alla dimensione del digestore. Più è grande, più contiene matrice e più metano si produce. Altre variabili di progettazione sono la temperatura del digestore, il pH, la qualità e quantità della digestione anaerobica del materiale (liquami, residui vegetali, rifiuti urbani) a carico di determinati batteri che si succedono in sequenza nell'azione digestiva.

Una azienda agrozootecnica generalmente ha due opzioni di scelta per il suo approvvigionamento energetico:
1. impianti a energia rinnovabile pura (eolico, fotovoltaico, solare termico, geotermico);
2. impianti di biogas utilizzanti materiali presenti nel ciclo aziendale e altrimenti considerati rifiuto come i liquami zootecnici.

La differenza principale della scelta tra le due opzioni è fondamentalmente la gestione dell'impianto: nulla o quasi nulla per impianti FV, per esempio; più impegnativa e costante nel tempo nel caso di impianti di biogas alla quale si aggiunge anche l'impiego di manodopera.

Molte aziende agrozootecniche, piccole medie e grandi, si sono dotate di impianto di biogas soprattutto perché rappresenta una valida soluzione all'annosa faccenda dell'utilizzo del liquame tal quale prodotto dagli allevamenti. Il prodotto del digestore (il digestato) è infatti utilizzato come ottimo concime organico.

La Normativa sugli impianti di produzione di biogas, li considera ecosostenibili perché la CO_2 prodotta è in effetti neutra (non di origine fossile), perché riduce la quantità di gas ad effetto termico (serra) come CH_4 e NH_2, produce elettricità in cogenerazione, perchè smaltisce il prodotto della digestione (digestato) in modo sostenibile (con carico di N minore del liquame refluo tal quale).

E a proposito di digestato, la Normativa sullo spandimento dei reflui, esiste una limitazione alla quantità di liquame spandibile data dal titolo di azoto di origine zootecnica presente in esso. Addirittura nei terreni ricadenti in zone dette vulnerabili ai nitrati (ZVN) la quantità spandibile è la metà di quella che può essere distribuita in zone non ZVN. Ciò evidentemente rappresenta un problema.

La gestione del digestato e dello stesso impianto si ripercuote anche sulla sostenibilità ecologica dello stesso. Infatti, generalmente, gli impianti non prevedono vasche di stoccaggio dei reflui coperte e nemmeno di quella del digestato liquido. Questo comporterebbe la cattura di parte di metano che è ancora in produzione nel digestato liquido e soprattutto nel refluo.

Appare evidente che la produzione di energia da questo tipo di impianti è stata alterata dall'incentivazione della stessa paragonata all'energia rinnovabile di altri sistemi di produzione sostenibili e rinnovabili. Diversi studi hanno evidenziato come la mera costruzione di impianti di biogas per la sola produzione di energia da carichi al digestore di materiali diversi e non propriamente aziendali, ha alterato la loro razionalità tecnica e della valutazione reale del loro impatto ambientale.

L'emissione di CO_2, la possibilità di inquinamento idrico delle falde acquifere nei terreni, l'emissione spontanea di CH_4 dalle aree di stoccaggio dei liquami, la garanzia di una stretta relazione tra tempistiche agronomiche e impiantistiche, sono tutti fattori che influenzano direttamente l'impatto ambientale di un impianto di biogas.

Obiettivo di studio

È stato individuato un impianto di biogas installato presso una nota azienda agrozootecnica ricadente nella zona di lavoro professionale dell'Autore, Calabria Citra, provincia di Cosenza, denominato IMPIANTO A.

L'impianto è stato descritto graficamente e dettagliatamente (par. 8.1.1) in ogni stadio di funzionamento per ottenere, anche visivamente, l'iter strutturale e progettuale e identificare eventualmente gli step sensibili al corretto dimensionamento.

Di questo impianto sono state identificate molte variabili progettuali, riportate in una tabella costruita appositamente per schedulare i dati di input e poterli utilizzare facilmente per l'analisi di dimensionamento secondo le Normative vigenti in merito alla produzione di energia e parametri di ecosostenibilità (Tab. 8.1).

Il progetto di un impianto di biogas, a differenza di altri impianti di produzione di energia, deve tener conto di molte variabili che non solo concorrono alla determinazione della produzione di energia, ma che possono inficiare facilmente, se erroneamente dimensionate, i criteri di ecosostenibilità ambientale dell'impianto.

Tutte le variabili ritenute valide per tal fine, sono state riassunte in un form creato appositamente e i dati gestiti da un foglio di calcolo Excel ideato dall'Autore che ha restituito alcuni parametri caratterizzanti la gestione pre e post digestione anaerobica dell'impianto. Questo perché al fine della corretta progettazione e quindi della sostenibilità ricercata dell'impianto, si voleva sapere se l'impianto denominato A è:

1. Soddisfacente le necessità aziendali in termini di produzione di energia, di liquame, in termini di utilizzo integrale del digestato prodotto, giusto dimensionamento dei terreni a disposizione con la quantità di digestato prodotto in funzione anche del tenore di azoto contenuto. Di corretta (eventuale) estensione di colture energetiche.

2. Oppure se la quantità di digestato prodotto – e quindi la quantità di matrice di carico - è sottodimensionata rispetto ai terreni in essere della azienda come anche se la quantità di azoto contenuto nel digestato è responsabile della mancata copertura dei terreni a disposizione. E in che termini questo deficit di alimentazione del digestore ha conseguenze sulla produzione di energia elettrica per uso aziendale.

3. O, ancora, se il dimensionamento dell'impianto fa sì che la produzione del digestato, anche considerandolo indipendente dal titolo di azoto posseduto, sia eccedente rispetto alla totalità dei terreni posseduti e in qualunque modo essi siano coltivati. L'impianto di conseguenza ha una produzione di digestato di quello che all'azienda abbisogna. Verosimilmente la produzione di energia elettrica è sovrastimata rispetto alla richiesta aziendale e il di più è venduto al gestore con ritorno economico considerevole.

In effetti i punti 1, 2 e 3 individuano tre tipologie diverse di impianti che sono stati denominati: **indipendente** (se l'impianto appartenente al tipo riassunto nel punto 1), **dipendente** (punto 2) e in **surplus** (punto 3).

Una volta identificata l'appartenenza dell'impianto A al tipo 1, 2 o 3, l'Autore ha ricercato altri impianti e raccolto ulteriori dati per capire se esistevano nella realtà impianti realizzati con criteri che potessero farli appartenere ai restanti tipi.

7.1.1 Schema progetto

In figura 5.8 è schematizzato un tipico progetto completo di realizzazione di un impianto di biogas agricolo di co-digestione di insilati e effluente zootecnico.

In 11 è schematizzato il terreno agricolo che può presupporre sia terreno agricolo come produzione di insilati energetici (che servono e che sono prodotti appositamente per la miscela di carico del digestore) sia come terreni utilizzati come spandimento del digestato per produzione agricola.

7.1.2 Impianto reale di biogas in azienda zootecnica di allevamento bovini.

Di seguito è schematizzato un impianto reale di biogas di potenza di circa 100 kW realizzato presso un'azienda zootecnica di allevamento di bovini (vacche) nella Sibaritide (Calabria Citra, in provincia di Cosenza). Questo impianto rappresenta il caso studio per l'analisi di e la valutazione delle variabili progettuali.

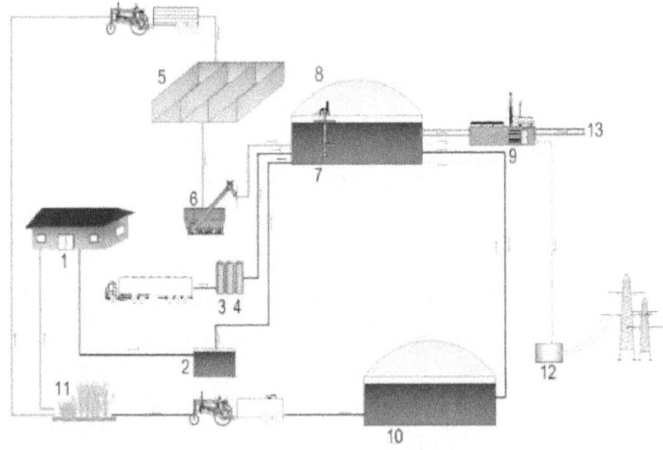

1	Stalla	8	Gasometro
2	Vasca per effluenti zootecnici (liquame)	9	Cogeneratore (CHP – Combined heat and power)
3	Contenitori di ricezione/raccolta biomasse (co-substrati)	10	Vasca di stoccaggio del digestato coperta
4	Vasca di igienizzazione (se prevista)	11	Terreno agricolo
5	Trincee di stoccaggio biomasse	12	Trasformatore/Allacciamento rete elettrica
6	Sistema di carico dei substrati solidi	13	Teleriscaldamento (quando possibile)
7	Digestore (reattore biogas)		

Fonte: Lorenz 2008

Fig. 7.1 – Schema progettuale completo di un impianto di biogas (da CRPA, op. cit.)

Di questo impianto sono mostrate anche alcune immagini delle fasi di processo del ciclo completo di produzione del digestato: dal liquame raccolto in stalla, alla produzione di digestato solido e liquido e di energia elettrica.

L'analisi e la valutazione di tutte le variabili progettuali di questo impianto dimostra come si vedrà che esso è correttamente dimensionato alle esigenze dell'azienda agrozootecnica.

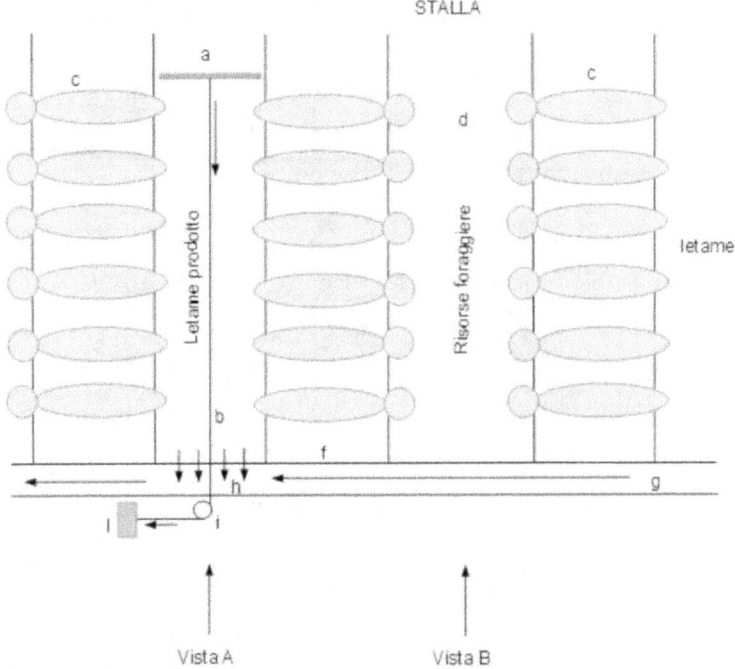

Fig. 7.2 – Stalla. (c) Bovini, (a) corridoio letame, (d) corridoio alimentazione bovini, (b) sistema di raccolta per raschiatura del letame prodotto: la lama percorre tutto il corridoio (a) avanzando tramite corda in acciaio (b) che viene racconta dal motore (l). Il letame raschiato finisce (h) nello scolo di raccolta (g) che essendo in pendenza, lo convoglia nel senso indicato dalla freccia.

Questa operazione viene compiuta diverse volte al giorno automaticamente in intervalli temporizzati, ma anche con avvio manuale per particolari esigenze di pulizia. (disegno, Martino)

Le figure 7.3 e 7.4 mostrano le viste A e B.

Fig. 7.3 – Vista A (indicata in figura Fig. 5.9)

Fig. 7.4 – Vista B (indicata in figura Fig. 5.9)

Fig. 7.5 – (per le didascalie cfr. Fig. 5.9) Argano motore (l) che tramite cavo (i) in acciaio tira la barra raschiatrice per la raccolta del letame che si accumula nel corridoio letame (a) e farlo precipitare nel canale di raccolta (g) (per la didascalia delle lettere vedere la Fig. 5.8).

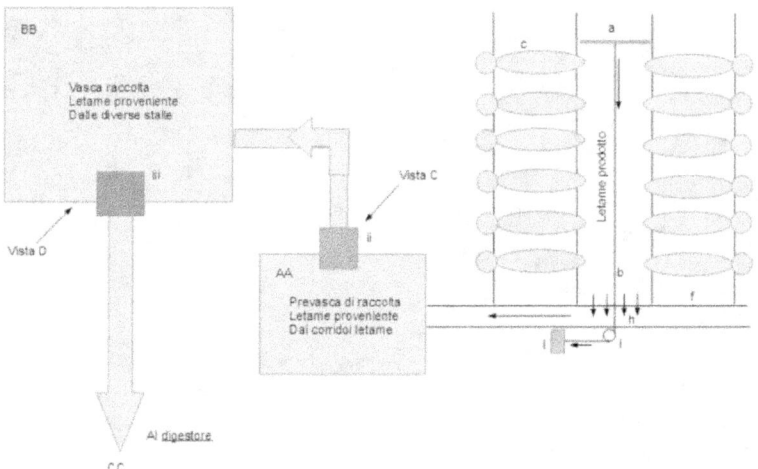

Fig. 7.6 – Il liquame prodotto dalle mucche e raccolto tramite la raschiatrice nei corridoi letame, finisce in (h) e quindi nella prevasca (AA). Una pompa (ii) lo trasporta discontinuamente nella vasca di raccolta e stoccaggio (BB). Una pompa (iii) lo trasporta al carico del digestore.

Le figure 7.7 e 7.8 mostrano le viste C e D.

Fig. 7.7 – Vista C.

Fig. 7.8 – Vista D

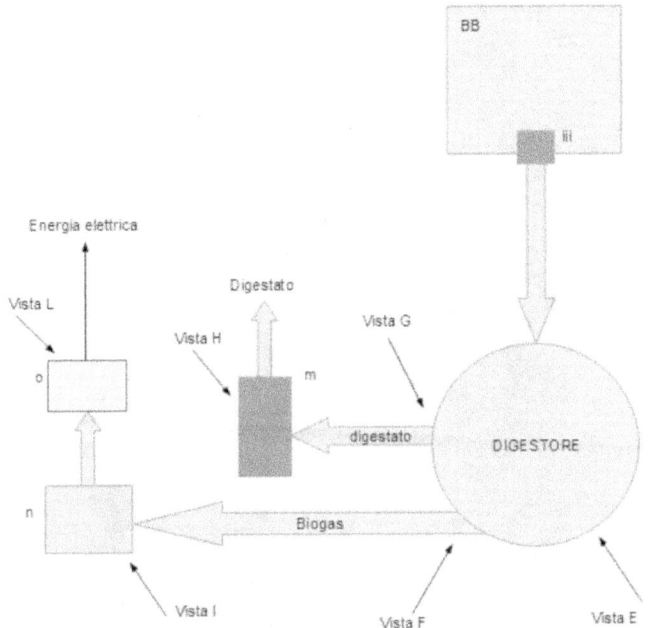

Fig. 7.9 – Il liquame giunge tramite la pompa (iii) al DIGESTORE. I prodotti di uscita sono il biogas e il digestato. Il primo giunge ad una serie di apparecchi (n) per il trattamento e il metano prodotto alimenta un motore in (o) per la produzione di energia elettrica. Il digestato entra in (m) e viene pompato al separatore.

Fig. 7.10 – Vista E: Digestore.

Fig. 7.11 – Vista F: uscita del biogas dal digestore.

Fig. 7.12 – Vista G: tubazioni di entrata e uscita del liquame nel digestore.

Fig. 7.13 – Vista H: uscita del digestato dal digestore.

Fig. 7.14 – Vista I: Trattamento del biogas

Fig. 7.15 – Vista I: Trattamento del biogas.

Fig. 7.16 – Vista d'insieme dell'impianto di trattamento del biogas (sx della foto) e del gruppo di produzione di energia elettrica (dx della foto).

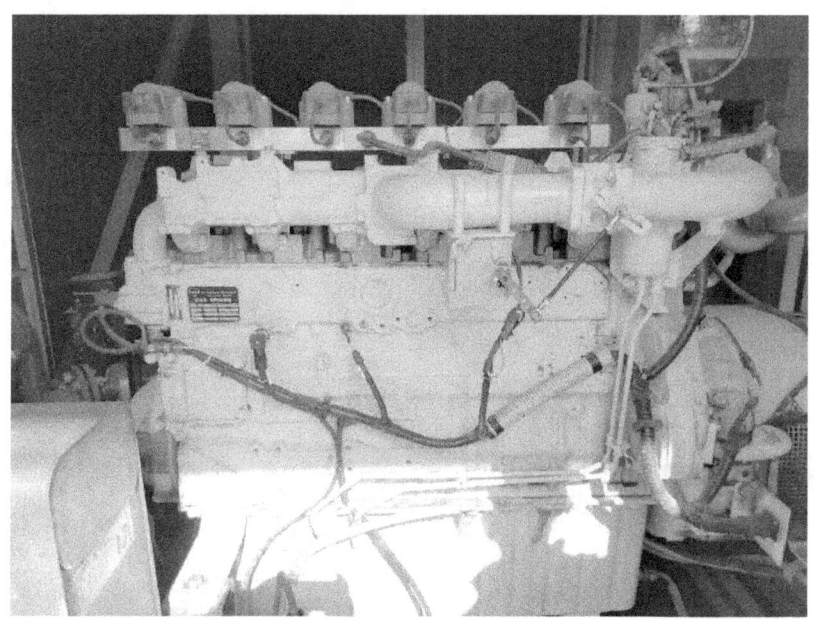

Fig. 7.17 – Vista L: produzione di energia elettrica (cogeneratore)

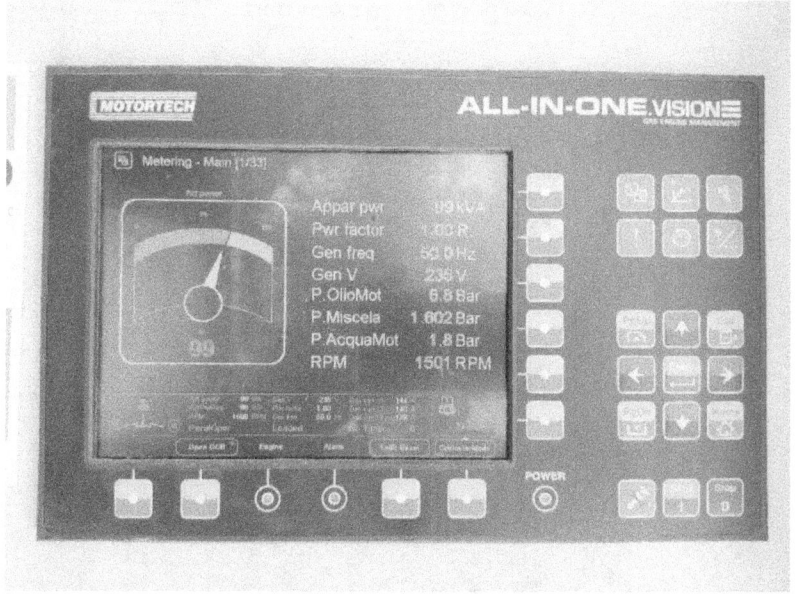

Fig. 7.18 – Vista L: produzione di energia elettrica: quadro di produzione.

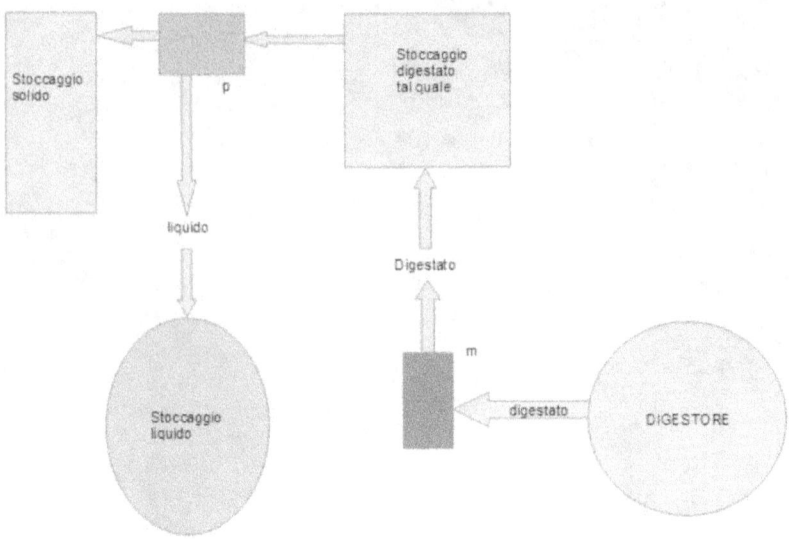

Fig. 7.19– Il digestato giunto al separatore (p) dalla vasca di stoccaggio del digestato tal quale, viene separato in solito e stoccato in vasca dove viene caricato con caricatore frontale e in liquido (più consistente) che viene pompato in carro-botte.

Fig. 7.20 – Separatore.

Fig. 7.21 – Digestato solido.

7.2 INDICE DI VALUTAZIONE GLOBALE, IVG

7.2.1 Form IVG

È stato messo a punto un form in Excel che raccoglie informazioni raccolte presso l'Ufficio direzionale dell'Impianto di biogas che si vuole valutare. Il form raccoglie fondamentalmente tre tipologie di notizie.

A - Dati relativi all'Impianto

IMPIANTO A - ANNO 2020			Valutaz.
Potenza nominale (kWh)		100	
Tipologia impianto		Monostadio	
		Bistadio	1
		Altro	
Temperatura digestione		Mesofilo	1
		Termofilo	
Riscaldamento	Digestore		0,3
	Locali azienda	Cogenerazione	0
	Residenza azienda		0
Utilizzo energia elettrica		Vendita	0,5
		Utilizzo per uso 100% azienda	0

La colonna *valutazione* (in questo come in tutti gli altri subform) è un'istruzione guidata alla corretta compilazione e fornisce un messaggio di spiegazione e in un elenco a discesa, i possibili valori che possono essere attribuiti nella valutazione del punto considerato.

Per esempio:
Nella valutazione della tipologia di riscaldamento dell'acqua ottenuta dal cogeneratore, la domanda è: *come viene utilizzata (qual è l'uso) l'acqua calda prodotta dal cogeneratore?* Le possibili risposte sono:

- Solo al digestore (perché è mesofilo); oltre al digestore, vengono riscaldati anche alcuni locali dell'azienda (uffici per esempio); L'acqua calda prodotta serve infine anche per il riscaldamento delle residenze civili presenti in azienda.
- Se l'acqua calda prodotta serve solo al digestore, il punteggio che si può attribuire a questa scelta è vincolato ed è uguale a 3.
- Per l'utilizzo per i locali aziendali, la lista a discesa propone i valori 0 = non è utilizzata per questo scopo; 0,3 = si, è utilizzata per questo scopo.

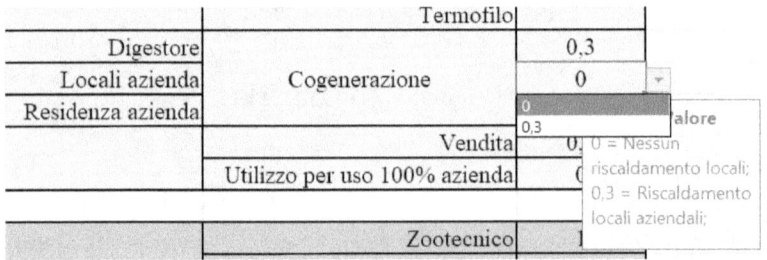

Questa guida alla valutazione è attiva per la maggior parte delle valutazioni che si possono effettuare, altre valutazioni sono già preimpostate e non possono essere cambiate.

B – Dati relativi alla matrice di carico e digestato prodotto

	Zootecnico	1
Tipologia matrice di carico	Biomasse + zootecnico	0
	Energetiche + zootecnico	0
	Tal quale	0
Tipologia digestato prodotto	Liquido	0,5
	Solido	0,5

In questo subform si valuta la tipologia di matrice di carico e il digestato prodotto. Per scelte di tipo ecologiche e sostenibilità documentata, se la matrice è del tipo zootecnica la valutazione è 1. Tale valore scende se sono associati ai reflui anche altre tipologie di biomasse.

Il digestato può essere stoccato tal quale, oppure essere separato nella frazione liquida e in quella solida. La valutazione è 0 nel primo caso, e 0,5 nel secondo caso (per ognuna delle scelte, poiché se è presente impianto di separazione si ottiene per forza di cose sia la frazione liquida che quella solida)

C – Dati per DIGICALC

Produzione digestato (ton. /d)	Liquido	37,9
	Solido	4,8
Quantità Matrice di carico (reflui o reflui + biomasse) (t/d)		37,00
Quantità kg di N / ton. di digestato liq.		3,96
ZVN/noZVN		ZVN
Terreni aziendali Ha	Energetiche	0
	No energetiche	196
Titolo Nzoo / Ntot (fraz. Zoo)		100%
Efficienza (Ko)		55%
MAS	Colture energetiche	Nessuna
	Altre colture aziendali	160
Fattore conversione mc in ton.		0.8

I dati raccolti in questo subform servono al foglio DIGICALC per elaborare in definitiva la *quantità di digestato distribuibile per ettaro*. I dati devono venire solo immessi, non è possibile effettuare scelte valutative

D – Dati per valutazione della sostenibilità

Stoccaggio liquame	Vasca	Aperta	0,5
		Coperta	0,5
	Recupero CH4	Presente / non presente	1
Stoccaggio digestato solido		Capannone	0,5
		Capannone chiuso e coperto	0,5
Stoccaggio digestato liquido	Vasca	Aperta	0,5
		Coperta	0,5
	Recupero CH4	No	0
Valorizzazione CO2		Si	0

Questo è l'ultimo subform presente nel foglio IVG. Qui si deve valutare, secondo alcuni semplici parametri e valutazioni numeriche simili a quelle viste in precedenza, la sostenibilità dell'impianto.

Con quest'ultimo subform si chiude la valutazione oggettiva dell'impianto di biogas. Tutti i dati che interessano tale valutazione sono stati

raccolti e serviranno alla fine al calcolo dell'indice di valutazione globale (IVG) che caratterizzerà l'impianto stesso in:
- Congruo nella gestione del digestato e di quella agronomica;
- Congruo come sopra ma non congruo nella valutazione della sua sostenibilità ambientale;
- Congruo nella gestione del digestato e di quella agronomica e congruo in quella della sostenibilità ambientale;
- Errato: i dati di DIGICALC forniscono un dato incompatibile (non congruo) e quindi non è ammessa valutazione della sostenibilità ambientale.

7.2.2 Calcolo DIGICALC

I risultati che restituisce il foglio Excel denominato DIGICALC sono i seguenti:

Q di digestato distribuibile per ha	43,59 ton/Ha
Neff distribuito con Q digestato distribuibile	93,50 kg/Ha
Eventuale integrazione con concime chimico	76,50 kg/Ha
Ha che abbisognano per distribuire Q totale digestato prodotto dal digestore	293,07 Ha
Ettari in eccesso o difetto dei terreni aziendali per la Q dig distribuibile	84 Ha
Quantità di digestato totale distribuibile sugli ettari aziendali	9085 ton
Valore da riportare in IVG	0

Aldilà delle implicazioni agronomiche del calcolo del digestato, per la valutazione della congruità dell'impianto è importante che il valore da riportare in IVG sia diverso da 0. Il valore (indicato nell'esempio) di 0 dimostra che i terreni posseduti dall'azienda sono in eccesso rispetto alla quantità distribuibile di digestato: rimarranno, quindi, terreni che non saranno coperti dallo spandimento del digestato. E questo si ripercuote infine sulla potenza dell'impianto. Infatti, stante i dati immessi, soprattutto quello relativo all'estensione dei terreni aziendali, la potenza dell'impianto dovrebbe essere superiore a quella rilevata (100 kW) per permettere un carico di matrice superiore e ottenere maggiore digestato.

Per ulteriori chiarimenti in merito si veda il paragrafo successivo.

7.2.3 Calcolo della potenza corretta (P*) di un impianto

La potenza elettrica di un impianto a biogas dipende dalla qualità e quantità della matrice di carico e dal volume del digestore, secondo l'equazione:

$P1 = M1 * f_{cg}$ (kWh) [1]

Dove:
$M1$ = Matrice di carico;
f_{cg} = fattore che comprende la quantità di gas generato da una tonnellata di matrice; percentuale di CH_4 nel biogas prodotto; resa in kWh di 1 mc di CH4 calcolata in base al rendimento del cogeneratore.

Ciò significa che se si immette in un digestore *M1* quantità di matrice ottengo una potenza elettrica *P1*. Conseguentemente si ottiene *D1* quantità di digestato che si dovrà smaltire spandendolo su *Ha1* ettari di terreni (propri dell'azienda o in affitto / comodato).
Ora se *D1* è una quantità di digestato congrua con i terreni aziendali (di proprietà) allora *P1* è congrua con la *M1* di carico.
Se *D1* non è congrua con i terreni, allora *P1* non è congrua, in quanto verosimilmente l'impianto produce una quantità di *D1* che o non può essere smaltita sui terreni (perché è più di quanto è possibile spandere) o è una quantità minore al bisogno degli stessi terreni (e delle colture).
Tuttavia è sempre possibile conoscere la quantità *M2* (di identica composizione di *M1*) da immettere nel digestore, che è congrua con l'estensione dei terreni di proprietà dell'azienda poiché produce la quantità di digestato *D2*, secondo la seguente relazione:

$M2 = (M1 * D2) / D1$ (ton) [2]

Quindi *M2* produrrà, secondo la [1]

$P2 = M2 * f_{cg}$ (kWh) [3]

Allora generalizzando:

$P* = ((M1*D2) / D1) * f_{cg}$ (kWh) [4]

Dove $P*$ = *potenza corretta* che l'impianto deve produrre per avere congruità tra digestato prodotto e giusta estensione dei terreni che siano coltivati per produrre la corretta frazione vegetale (si spera non di coltivazioni energetiche) e che insieme ai liquami zootecnici aziendali costituisce la matrice di carico $M2$.

In altre parole P^* è una diretta valutazione della correttezza progettuale dell'impianto e che mette in relazione la P dell'impianto con parametri puramente agronomici che in effetti determinano la congrua gestione di un impianto a biogas.

La differenza tra P di progetto dell'impianto e la P^* di verifica (corretta) è interpretabile come la correzione (in negativo o in positivo) della potenza di progetto dell'impianto.

Esempio pratico.

Ipotizziamo un carico matrice al digestore di M1=37 ton/giorno di reflui bovini.

La produzione di digestato tal quale D1 è 35 ton/g (circa)

Si calcola la potenza:

P1 = 37*31*0,58*0,15 = circa 99 kWe di produzione al giorno.

Con fcg = 31*0.58*.015

Tali coefficienti sono determinati speditivamente da tabelle riportate in letteratura.

Il foglio di calcolo del digestato DIGICALC fornisce il seguente dato:

tenendo conto che l'estensione dei terreni dell'azienda è 208 ha circa (dato rilevato), la *quantità di digestato distribuibile per ettaro* risulta essere di circa 43 ton/ha (quantità insuperabile come valore!!!)

Siccome l'estensione dei terreni è 208 ettari si possono distribuire solo 43*208 = 9000 ton di digestato/anno, ma l'impianto ne produce 35*365 giorni = 12700 ton/anno.

Quindi all'azienda restano 12700-9000 = 3700 ton/anno di digestato che NON può distribuire! Che potrebbe stoccare, ma che NON può distribuire nell'anno solare di produzione (lo impedisce la normativa), che deve perciò regalare a terzi....

Secondo la valutazione IVG l'impianto in considerazione è ERRATO. Si potrebbe procedere alla determinazione della potenza corretta (P^*) dell'impianto. Questa è:

P^* = circa 71 kWe di produzione di energia elettrica
(mantendo la stessa composizione della matrice M1)

Che è un dato in linea con quanto ci si aspetta: la potenza dell'impianto è superiore a quella che realmente dovrebbe avere l'impianto. E siccome non si può agire a monte (l'impianto è stato già realizzato) si deve ridurre il carico di matrice al digestore!

Tuttavia se si vuole mantenere lo stesso carico di matrice M1 e quindi la stessa potenza P1 e la stessa quantità di digestato D1 che l'impianto produce e che l'azienda NON può spandere (il surplus), si deve agire su alcuni parametri:

- Ridurre il carico di N zootecnico (magari introducendo residui di lavorazione vegetale – per esempio stoppie della lavorazione del riso, se la coltivazione è il riso… ecc.)

- Così facendo si fa leva anche sul titolo di N del digestato prodotto

Altri parametri come estensione dei terreni, collocazione geografica dei terreni, non possono essere soggetti a variazioni.

7.2.4 Valutazione Globale dell'impianto: casi reali.

7.2.4.1 IMPIANTO A

In figura i dati raccolti per la valutazione IVG

INDICE VALUTAZIONE GLOBALE -IVG-

IMPIANTO A - ANNO 2020			Valutaz.
Potenza nominale (kWh)		100	
Tipologia impianto		Monostadio	
		Bistadio	1
		Altro	
Temperatura digestione		Mesofilo	1
		Termofilo	
Riscaldamento	Digestore		0,3
	Locali azienda	Cogenerazione	0
	Residenza azienda		0
Utilizzo energia elettrica		Vendita	0,5
		Utilizzo per uso 100% azienda	0
Tipologia matrice di carico		Zootecnico	1
		Biomasse + zootecnico	0
		Energetiche + zootecnico	0
Tipologia digestato prodotto		Tal quale	0
		Liquido	0,5
		Solido	0,5

Produzione digestato (ton./d)	Liquido		30,6
	Solido		4,1
Quantità Matrice di carico (reflui o reflui + biomasse) (t/d)			37,00
Quantità kg di N / ton. di digestato liq.			3,96
ZVN/noZVN			ZVN
Terreni aziendali Ha	Energetiche		0
	No energetiche		257
Titolo Nzoo / Ntot (fraz. Zoo)			100%
Efficienza (Ko)			55%
MAS	Colture energetiche		Nessuna
	Altre colture aziendali		160
Fattore conversione mc in ton.			0,8

Stoccaggio liquame	Vasca	Aperta	0,5
		Coperta	0
	Recupero CH4	Presente / non presente	0
Stoccaggio digestato solido		Capannone	0,5
		Capannone chiuso e coperto	0
Stoccaggio digestato liquido	Vasca	Aperta	0,5
		Coperta	0
	Recupero CH4	No	0
	Valorizzazione CO2	Si	0

Copertura digestato / terreni (elaborazione Digicalc)	1

I parametri agronomici sono stati passati al foglio di calcolo DIGI-CALC che restituisce tra le altre cose il valore della quantità di digestato distribuibile per ettaro considerando quella data coltura e i dati di composizione del digestato (frazione zootecnica, titolo di N e caratteristiche del terreno se ZVN o NON ZVN).

In figura vengono mostrati i risultati della valutazione di congruità dell'impianto ed eventualmente viene automaticamente calcolata la P* (potenza corretta dell'impianto).

Copertura digestato / terreni (elaborazione Digicalc)	1
RISULTATO DELLA VALUTAZIONE (solo impianto)	CONGRUO
RISULTATO DELLA VALUTAZIONE (Sostenibilità)	NON SOSTENIBILE
P* = Potenza corretta per la quantità di digestato congruo all'azienda kWe/giorno	99

Come si nota, la potenza P* risulta essere uguale alla potenza P di progetto dell'impianto. Questo perché, la valutazione dell'impianto è CONGRUO e ciò significa che la quantità distribuibile di digestato per ettaro di terreno è giusto per l'estensione dei terreni di proprietà aziendale: tutto il digestato prodotto (frazione liquida, in questo calcolo) può essere distribuito interamente sui terreni.

Tuttavia l'impianto risulta essere NON CONGRUO nella valutazione della sostenibilità ambientale e questo dato è dovuto alla mancanza di vasche di stoccaggio coperte, ecc.

L'impianto denominato IMPIANTO A ed oggetto di studio del presente studio è classificabile come IMPIANTO INDIPENDENTE.

7.2.4.2 IMPIANTO B

In figura i dati raccolti per la valutazione IVG

INDICE VALUTAZIONE GLOBALE -IVG-

IMPIANTO B - ANNO 2020			Valutaz.
Potenza nominale (kWh)		250	
Tipologia impianto		Monostadio	
		Bistadio	1
		Altro	
Temperatura digestione		Mesofilo	
		Termofilo	1
Riscaldamento	Digestore		0,3
	Locali azienda	Cogenerazione	0
	Residenza azienda		0
Utilizzo energia elettrica		Vendita	0,5
		Utilizzo per uso 100% azienda	0
Tipologia matrice di carico		Zootecnico	1
		Biomasse + zootecnico	0
		Energetiche + zootecnico	0
Tipologia digestato prodotto		Tal quale	0
		Liquido	0,5
		Solido	0,5

Produzione digestato (ton./d)	Liquido		88
	Solido		12
Quantità Matrice di carico (reflui o reflui + biomasse) (t/d)			95,00
Quantità kg di N / ton. di digestato liq.			3,29
ZVN/noZVN			ZVN
Terreni aziendali Ha	Energetiche		0
	No energetiche		250
Titolo Nzoo / Ntot (fraz. Zoo)			100%
Efficienza (Ko)			55%
MAS	Colture energetiche		Nessuna
	Altre colture aziendali		160
Fattore conversione mc in ton.			0.8

Stoccaggio liquame	Vasca	Aperta	0,5
		Coperta	0,5
	Recupero CH4	Presente / non presente	1
Stoccaggio digestato solido		Capannone	0,5
		Capannone chiuso e coperto	0,5
Stoccaggio digestato liquido	Vasca	Aperta	0,5
		Coperta	0,5
	Recupero CH4	No	0
Valorizzazione CO2		Si	0

Copertura digestato / terreni (elaborazione Digicalc)	0

I parametri agronomici sono stati passati al foglio di calcolo DIGICALC che restituisce tra le altre cose il valore della quantità di digestato distribuibile pe ettaro considerando quella data coltura e i dati di composizione del digestato (frazione zootecnica, titolo di N e caratteristiche del terreno se ZVN o NON ZVN).

In figura vengono mostrati i risultati della valutazione di congruità dell'impianto ed eventualmente viene automaticamente calcolata la P* (potenza corretta dell'impianto).

Copertura digestato / terreni (elaborazione Digicalc)	0,5
RISULTATO DELLA VALUTAZIONE (solo impianto)	NON CONGRUO
RISULTATO DELLA VALUTAZIONE (Sostenibilità)	NON SOSTENIBILE
P* = Potenza corretta per la quantità di digestato congruo all'azienda kWe/giorno	309

Come si nota, la potenza P* risulta essere diversa dalla potenza P di progetto dell'impianto. Questo perché, la valutazione dell'impianto è NON CONGRUO e ciò significa che la quantità distribuibile di digestato per ettaro di terreno non copre tutta l'estensione dei terreni di proprietà aziendale: tutto il digestato prodotto (frazione liquida, in questo calcolo) può essere distribuito interamente sui terreni, ma ce ne vorrebbe una quantità maggiore per distribuirlo su tutti i terreni aziendali.

La P* è infatti di 310 kWe e non 250 kWe, a dimostrazione che il digestore dovrebbe essere più grande per ospitare più matrice e conseguentemente produrre più digestato.

Tuttavia l'impianto risulta essere NON SOSTENIBILE nella valutazione della sostenibilità ambientale e questo dato è dovuto alla mancanza di vasche di stoccaggio coperte, ecc.

Questo tipo di impianto è classificabile come IMPIANTO DIPENDENTE.

7.2.4.3 IMPIANTO C

In figura i dati raccolti per la valutazione IVG

INDICE VALUTAZIONE GLOBALE -IVG-

IMPIANTO A - ANNO 2020			Valutaz.
Potenza nominale (kWh)		300	
Tipologia impianto		Monostadio	
		Bistadio	1
		Altro	
Temperatura digestione		Mesofilo	1
		Termofilo	
Riscaldamento	Digestore	Cogenerazione	0,3
	Locali azienda		0
	Residenza azienda		0
Utilizzo energia elettrica		Vendita	0,5
		Utilizzo per uso 100% azienda	0
Tipologia matrice di carico		Zootecnico	0
		Biomasse + zootecnico	0,5
		Energetiche + zootecnico	0
Tipologia digestato prodotto		Tal quale	0
		Liquido	0,5
		Solido	0,5
Produzione digestato (ton. /d)	Liquido	100	
	Solido	4,1	
Quantità Matrice di carico (reflui o reflui + biomasse) (t/d)		110,00	
Quantità kg di N / ton. di digestato liq.		2,9	
ZVN/noZVN		ZVN	
Terreni aziendali Ha	Energetiche	0	
	No energetiche	180	
Titolo Nzoo / Ntot (fraz. Zoo)		100%	
Efficienza (Ko)		55%	
MAS	Colture energetiche	Nessuna	
	Altre colture aziendali	240	
Fattore conversione mc in ton.		0.8	
Stoccaggio liquame	Vasca	Aperta	0,5
		Coperta	0,5
	Recupero CH4	Presente / non presente	1
Stoccaggio digestato solido		Capannone	0,5
		Capannone chiuso e coperto	0,5
Stoccaggio digestato liquido	Vasca	Aperta	0,5
		Coperta	0,5
	Recupero CH4	No	0
Valorizzazione CO2		Si	0
Copertura digestato / terreni (elaborazione Digicalc)			0

I parametri agronomici sono stati passati al foglio di calcolo DIGI-CALC che restitui-sce tra le altre cose il valore della quantità di digestato distribuibile pe ettaro considerando quella data coltura e i dati di composizione del digestato (frazione zootecnica, titolo di N e caratteristiche del terreno se ZVN o NON ZVN).

In figura vengono mostrati i risultati della valutazione di congruità dell'impianto ed eventualmente viene automaticamente calcolata la P* (potenza corretta dell'impianto).

Copertura digestato / terreni (elaborazione Digicalc)	0
RISULTATO DELLA VALUTAZIONE (solo impianto)	ERRATO
RISULTATO DELLA VALUTAZIONE (Sostenibilità)	ERRATO
P* = Potenza corretta per la quantità di digestato congruo all'azienda kWe/giorno	64

Come si nota, la potenza P* risulta essere diversa dalla potenza P di progetto dell'impianto. Questo perché, la valutazione dell'impianto è ERRATO e ciò significa che la quantità distribuibile di digestato per ettaro di terreno copre tutta l'estensione dei terreni di proprietà aziendale: tutto il digestato prodotto (frazione liquida, in questo calcolo) può essere distribuito interamente sui terreni, ma resta una certa quantità che non può essere utilizzata. L'azienda è costretta a disfarsene o cedendolo gratuitamente a aziende terze, o addirittura pagando altre aziende a ritirarlo.

La P* è infatti di soli 65 kWe e non 300 kWe, a dimostrazione che il digestore dovrebbe essere più piccolo per ospitare meno matrice e conseguentemente produrre meno digestato.

Siccome questa particolare tipologia di impianto che ha un IVG ERRATO, è considerato un impianto non ammissibile a nessuna ulteriore valutazione, anche quella della sostenibilità ambientale, risulta essere ERRATO.

Questo tipo di impianto è classificabile come IMPIANTO SURPLUS.

7.3 Conclusioni

Dall'analisi dei dati raccolti e dall'analisi di quelli elaborati si conferma che:

▶ Il dimensionamento di un impianto a biogas è eseguito principalmente con il calcolo della matrice di ingresso che deve giustificare la produzione di energia elettrica (che è il dato primario della resa economica dell'impianto); Quindi il progettista prevede che per produrre x kW di energia elettrica nel digestore devono essere introdotte y tonnellate di prodotti agroindustriali per produrre z tonnellate di digestato da utilizzare per concimare propri terreni o terreni di terzi.

▶ Molte volte il dimensionamento non tiene conto di variabili prettamente agronomiche che sono prioritarie per la gestione dell'azienda agricola. Produrre solo energia elettrica non è l'obiettivo primario nella gestione aziendale. Infatti, produrre una quantità di digestato non ben dimensionato in termini di N_{tot} e soprattutto di N_{zoo}, significa sapere in anticipo che l'azienda agricola potrebbe avere problemi nello smaltimento dello stesso. E, infine, potrebbe ulteriormente avere problemi sulla provvista di prodotti da utilizzare nella ricetta da immettere nel digestore, poiché questa dipende dalla disponibilità sul mercato degli stessi prodotti.

▶ Per ovviare a progettazione errate di dimensionamento, è stato messo a punto uno speciale algoritmo che raccoglie i dati di ingresso del digestore, in termini valutativi, e di quelli prettamente agronomici e li analizza con un processo di valutazione che infine restituisce valori di congruità o meno dello stesso impianto sia in termini di rapporto produzione energetica – digestato – estensione dei terreni disponibili, sia in termini di sostenibilità. Una nuova formulazione di calcolo della potenza corretta dell'impianto (P*) è indicativa della giusta potenza del digestore in relazione alla quantità di digestato distribuibile per ettaro (che è il dato di riferimento).

Dimensionare un impianto di biogas solo da un punto di vista dell'energia che deve produrre è profondamente sbagliato: un'attenta e completa analisi economica dimostrerebbe facilmente che ci sono delle pecche nella valutazione globale dell'impianto in termini di spesa e ritorno economico.

Lo studio prevede ulteriori step di analisi futuro:

- ▶ Studio della variazione della composizione della ricetta migliore in quelle tipologie di impianti classificati come DIPENDENTI e IN SURPLUS per riclassificarli in INDIPENDENTI;
- ▶ Dotazione e studio d'impatto di impianti di abbattimento dell'azoto con possibilità di aumento dell'area di spandimento del digestato in quelle aziende IN SURPLUS o in Zone ZVN vulnerabili ai nitrati;
- ▶ Sviluppo del foglio di calcolo che preveda la selezione dei valori di MAS delle diverse tipologie di colture e analisi dei dati tenendo anche conto della rotazione delle colture.
- ▶ Analisi economica e energetica più completa dai dati forniti e che consideri come variabili di calcolo anche i parametri fin qui analizzati.

8 INCENTIVI A SOSTEGNO DELLE ENERGIE RINNOVABILI

8.1 Premessa

Il biogas è indicato dall'U.E. tra le fonti energetiche rinnovabili non fossili (eolica, solare, geotermica, del moto ondoso, idraulica, biomassa, gas di discarica, gas residuati dai processi di depurazione e biogas) che possono garantire non solo autonomia energetica, ma anche la riduzione graduale dell'attuale stato di inquinamento dell'aria e quindi dell'effetto serra.

Per il 2010 il Parlamento Europeo ha proposto per l'U.E. l'obiettivo che le fonti energetiche rinnovabili coprano il 15% dell'energia utilizzata. Allo stato attuale le fonti energetiche rinnovabili sono meno del 6% con un tasso di crescita molto basso. La produzione di energie rinnovabili al fine del raggiungimento degli obiettivi fissati gode di molti incentivi che attualmente sono riassunti in quattro meccanismi fondamentali:

- I certificati verdi (CV), sistema che recentemente ha avuto una serie di novità introdotte dal Collegato alla Finanziaria 2008" (D.L. 159/07 come modificato dalla legge di conversione 222/07), dalla Finanziaria stessa (L244/07), dal D.M. 18/12/08 e dalla legge 23/7/09 n°99; per le energie da biomasse;
- Conto energie per il solare fotovoltaico e termodinamico; contributi comunitari, nazionali e regionali, emessi prevalentemente a favore di applicazioni innovative e con varie modalità;
- RECS e marchi di qualità, ossia certificazioni volontarie che in Italia sono in fase di avvio.

8.2 Certificati verdi

I certificati verdi sono dei veri e propri titoli negoziabili sul mercato elettrico, emessi e controllati dal gestore della rete di trasformazione nazionale (GRTN), aventi lo scopo di incentivare la produzione di energia elettrica da fonti rinnovabili e attestanti la provenienza di tale energia da impianti alimentati da fonti rinnovabili quali: il sole, il vento, le risorse idriche, le risorse geotermiche, e la trasformazione in energia elettrica dei prodotti vegetali o dei rifiuti organici e inorganici.

Il sistema dei Certificati Verdi è nato con il decreto Bersani (d.l.79/99) che ha imposto a tutti i produttori e importatori di energia elettrica da fonti non rinnovabili, e che immettono in rete più di 100 kWh/anno, l'obbligo di immettere una quota di energia elettrica prodotta da impianti ad energie rinnovabili pari al 2% a decorrere dal 2001, incrementato dell'0,35% dal 2004 al 2006 e, con la legge finanziaria 2008 (L. 244/07) dello 0,75% dal 2007 al 2011. Alla fine del periodo si dovrà arrivare ad una quota del 7,55%.

La Legge 99/09 trasferisce tale obbligo sui soggetti che concludono con Terna contratti di dispacciamento di energia elettrica in prelievo. Per raggiungere tale quota, i produttori di energia da fonte convenzionale acquistano i CV dai produttori di energia rinnovabili.

È nato così un mercato o Borsa dei CV.

La quota di 7.55% sicuramente rappresenta un traguardo difficilmente raggiungibile da parte dei produttori di energia elettrica da fonti non rinnovabili che si vedranno costretti ad acquistare CV da produttori di energia da FER (fonte di energia rinnovabile)

La regolamentazione dei certificati verdi (CV) ha subito un ulteriore adeguamento con l'approvazione del collegato alla finanziaria 2008, D.lgs. 159/2007. Le principali modifiche riguardano due condizioni per il rilascio dei CV: la prima si riferisce alla provenienza delle biomasse, queste infatti devono essere prodotti o sottoprodotti agricoli, zootecnici o forestali; la seconda cerca di favorire le filiere corte e le intese di filiera.

I contratti di fornitura delle biomasse impongono di non superare i 70 km di distanza fra l'origine della biomassa e l'impianto a biogas. In questo modo, si cerca di massimizzare i benefici ambientali ed economici nei territori dove si realizzano le colture e gli impianti agri energetici. Verificate le condizioni agronomiche, si ha diritto ad altri incentivi: se l'impianto è superiore a 1 MW, ai fini del riconoscimento del numero dei CV, è possibile moltiplicare per 1,8 l'energia elettrica prodotta nell'anno precedente; se l'impianto è di piccola scala, si può scegliere una tariffa di 0,30 €/kwh comprensiva della vendita energia e dei CV.

La tariffa omnicomprensiva è stata portata a 0.28€/kWh dal precedente 0.30 dalla legge 23 luglio 2009, n. 99, che ha modificato anche il coefficiente per le biomasse diverse da quelle da "filiera corta", portandolo da 1,10 a 1,30. tale legge ha anche eliminato il vantaggio delle dette "filiera corta".

Attualmente dunque, non vi è nulla di vigente e operativo rispetto alla filiera corta. Sia nel caso della Tariffa onnicomprensiva (possibile per gli impianti fino a 1MW), che nel caso dei Certificati Verdi (obbligatori oltre il MW), tutti gli impianti a biomassa rientrano nella categoria generale delle biomasse: tariffa 28 euro/cent per kWh, coefficiente Certificati Verdi 1,30.

La durata del certificato è stata portata a 15 anni per impianti entrati in esercizio dopo il 2008 e consente l'accumulo degli incentivi pubblici, a condizione che questi non superino il 40% dell'investimento. Il principio sancito dalle leggi finanziarie (L.n. 266/2005 e L.n. 296/2006), che equipara la produzione e la vendita di energia da parte degli agricoltori all'attività agricola connessa, ha generato ulteriori semplificazioni anche nelle autorizzazioni urbanistiche.

Gli impianti a biogas sono considerati a tutti gli effetti tecnologie agricole e pertanto possono sorgere in zone agricole, nel rispetto delle normative proprie di questa tipologia d'area. Tuttavia, la costruzione di un impianto a biogas può richiedere, sotto il profilo amministrativo, l'accordo o il benestare di vari soggetti istituzionali con competenze esclusive sulla gestione del territorio e dei beni sottoposti a vincolo. La loro azione può generare alcune interferenze che possono essere all'origine di variazioni di richieste al progetto, con il conseguente allungamento dei tempi di esecuzione. In Veneto, grazie all'introduzione dello sportello unico regionale, i tempi di attivazione di un impianto si sono ridotti a circa 100giorni.

Il D.Lgs. 3 marzo 2011, n. 28, "di attuazione della direttiva 2009/28/CE sulla promozione dell'uso dell'energia da fonti rinnovabili, recante modifica e successiva abrogazione delle direttive 2001/77/CE e 2003/30/CE" ha riformato il sistema di incentivazione dell'energia elettrica da fonti rinnovabili, prevedendo, tra l'altro, che l'attuale sistema di mercato basato sui certificati verdi (CV) venga sostituito gradualmente da un sistema di tipo feed-in tariff.

Tra le principali novità, è previsto che gli impianti alimentati da fonti rinnovabili che entreranno in funzione entro il 31 dicembre del 2012, al fine di tutelarne gli investimenti in via di completamento, continueranno a ricevere CV mentre, a partire dal 2013, i nuovi impianti riceveranno una tariffa fissa relativamente all'energia prodotta, sulla base di criteri generali che dovranno assicurare un'equa remunerazione dei costi di investimento e di esercizio. La durata dell'incentivo sarà, inoltre, pari alla vita media utile della specifica tecnologia dell'impianto

8.3 QUALIFICA IAFR DEGLI IMPIANTI

Con l'acronimo IAFR si intende "Impianto alimentato da fonti rinnovabili", si tratta di una qualifica il cui ottenimento, per il proprio impianto, è necessario per attivare il meccanismo di incentivazione economica alla produzione di energia elettrica da fonte rinnovabile. L'organismo preposto al rilascio di tale qualifica è il Gestore dei Servizi Energetici (GSE). La documentazione necessaria per la domanda è pressoché la stessa utilizzata per ottenere il via alla costruzione e alla gestione dell'impianto. Inoltre il soggetto deve esprimersi su quale tipo di incentivazione intende avvalersi tra le seguenti:

- certificati verdi (di cui abbiamo parlato in precedenza);
- la tariffa omnicomprensiva, nel caso di impianti di potenza inferiore ad 1 MW. Essa, al momento fissata pari a 0,28 €/kWh, comprende l'incentivo e il ricavo da vendita delle energie ed è applicabile, su richiesta dell'operatore, agli impianti di biogas entrati in esercizio in data successiva al 31 Dicembre 2007, di potenza nominale media annua non superiore a 1 MW, per i quantitativi di energia elettrica netta prodotta e contestualmente immessa in rete. La tariffa omnicomprensiva può essere variata ogni tre anni, con decreto del Ministro dello sviluppo economico, assicurando la congruità della remunerazione ai fini dell'incentivazione delle fonti energetiche rinnovabili (www.GSE.it).

Per quanto riguarda le connessioni fra le politiche a favore delle rinnovabili e i certificati verdi, la garanzia di origine e la qualifica IAFR, riportiamo di seguito la situazione aggiornata, con le modifiche introdotte dalla Finanziaria 2008, dal D.M. 18/12/08 e dalla legge 23/7/09 n°99, in attesa dei decreti e disposti attuativi dei quali sono stati incaricati ministeri, AEEG e GSE.

Possono ricevere la qualifica IAFR dal GSE quelli impianti che sono entrati in esercizio o entreranno in esercizio in data successiva al 4 aprile 1999 in seguito a potenziamento/ripotenziamento; rifacimento; riattivazione, nuova costruzione; ecc. il GSE provvede all'esame e al riconoscimento della qualifica IAFR attraverso un'apposita commissione di qualificazione. Una volta che l'impianto e stato qualificato, il GSE emette 1 certificato verde corrispondente a un quantitativo di energia pari a 50MWh o(multiplo) su comunicazione del produttore circa la produzione da fonte rinnovabile dell'anno precedente, o relativamente alla producibilità attesa nell'anno successivo. Vedremmo in seguito come la convenienza economica di un impianto di produzione di biogas dipende molto dalla presenza e dal prezzo dei certificate.

8.4 QUADRO NORMATIVO DI RIFERIMENTO PER LE FILIERE A BIOGAS

Principali norme comunitarie:

- Direttiva 2001/77/CE sulla promozione dell'energia elettrica prodotta da fonti energetiche rinnovabili.
- Direttiva 2003/30/CE sulla promozione dell'uso dei biocarburanti o di altri carburanti rinnovabili nei trasporti.
- Direttiva 2006/32/CE concernente l'efficienza degli usi finali dell'energia e i servizi energetici e recante abrogazione della direttiva 93/76/CEE.
- Direttiva 2001/80 concernente la limitazione delle emissioni nell'atmosfera di taluni inquinanti originati dai grandi impianti di combustione.
- Regolamento CE n. 1774/2002 del Parlamento europeo recante norme sanitarie relative ai sottoprodotti di origine animale non destinati al consumo umano.
- Regolamento CE n. 208/2006 della Commissione che modifica gli allegati VI e VIII del regolamento CE n. 1774/2002 del Parlamento europeo e del Consiglio per quanto concerne le norme di trasformazione relative agli impianti di produzione di biogas e di compostaggio e i requisiti applicabili allo stallatico.

Principali norme nazionali:

- Legge finanziaria 2006 (L. 266/2005) e Legge finanziaria 2007 (L. 296/2006).
- Decreto ministeriale 7 aprile 2006 - "Criteri e norme tecniche generali per la disciplina regionale dell'utilizzazione agronomica degli

effluenti di allevamento, di cui all'articolo 38 del decreto legislativo 11 maggio 1999, n. 152".
- Decreto Legislativo 3 aprile 2006, n. 152 – "Norme in materia ambientale" meglio conosciuto come Testo Unico Ambientale. • Decreto Legislativo 16 gennaio 2008, n. 4 "Ulteriori disposizioni correttive ed integrative del decreto legislativo 3 aprile 2006, n. 152".
- Decreto Legislativo 29 dicembre 2003, n. 387 – "Attuazione della direttiva 2001/77 relativa alla promozione dell'energia elettrica prodotta da fonti energetiche rinnovabili nel mercato interno dell'elettricità".
- Decreto Legislativo 387/2003 "Misure per le tecnologie rinnovabili".
- Decreto Legislativo 217/06 "Revisione della disciplina in materia di fertilizzanti".

Principali norme regionali:
- L.R. 13 aprile 2001 n° 11 Modifica capo VIII dal titolo Energia. L.R. 21gennaio 2000 n° 3 "Nuove norme in materia di gestione dei rifiuti".
- Piano di Sviluppo Rurale deliberazione del 6 febbraio 2007, n. 205 in attuazione del Regolamento (CE) 1698/2005.

8.5 QUADRO NORMATIVO DI RIFERIMENTO PER LE ENERGIE RINNOVABILI

<u>Il quadro normativo italiano</u>

Il quadro normativo riguardante il settore del biogas è abbastanza complesso ed eterogeneo, esso infatti è da ricondurre ad una molteplicità di corpi normativi. Nel 2003, con il D.Lgs n.387, relativo alla promozione dell'utilizzo di fonti rinnovabili per la produzione di energia elettrica, si è cercato di ricondurre tutti i percorsi autorizzativi sotto un'unica disciplina. Le norme regionali e nazionali a cui far riferimento sono le seguenti:

Parte Quarta (Rifiuti) e Quinta (Emissioni in atmosfera) del D.Lgs. 152/06 (Testo unico ambientale – TUA) e s.m.i.;

D.Lgs. 387/03, riguardante le fasi di costruzione e gestione degli impianti;

Normative regionali di recepimento del D.M. 07/04/07 (ex art. 38 del D.Lgs. 152/99, Parte Quarta del TUA, per quanto riguarda la disciplina del trasporto;

Per quanto riguarda l'uso e il trattamento del digestato, dobbiamo far riferimento ancora una volta alla Parte Quarta del TUA, al D.M. 07/04/06 e, nel caso si trattino anche fanghi di depurazione, al D.Lgs. 99/02 e/o alle norme regionali di recepimento del medesimo;

Nel caso poi di avvio della DA (Digestione Anaerobica) di sottoprodotti di origine animale, diversi dallo stallatico, dal latte e dal contenuto del tubo digerente diversi da quest'ultimo, di dovrà prestare molta attenzione al regolamento CE 1069/2009, che è entrato in vigore nel Marzo 2011, in sostituzione del Reg. CE n. 1774/2002, che ha introdotto una disciplina di carattere sanitario cui è obbligatorio conformarsi.

Norme:

- Decreto Legislativo del 3 Marzo 2011 n. 28, Attuazione della Direttiva 2009/28/CE sulla promozione dell'energia da fonti rinnovabili recante modifica e successiva
- Decreto legislativo 16/3/1999, n. 79: "Attuazione della direttiva 96/92/CE recante norme comuni per il mercato interno dell'energia elettrica". pubblicato nella "Gazzetta Ufficiale" n. 75 del 31 marzo 1999
- Direttiva 2001/77/CE del Parlamento europeo e del Consiglio del 27/9/2001: "sulla promozione dell'energia elettrica prodotta da fonti energetiche rinnovabili nel mercato interno dell'elettricità" pubblicato sulla "Gazzetta Ufficiale delle Comunità europee" del 27 ottobre 2001
- Decreto Legislativo 29/12/2003 n°387: "Attuazione della direttiva 2001/77/CE relativa alla promozione dell'energia elettrica prodotta da fonti energetiche rinnovabili nel mercato interno dell'elettricità" pubblicato sul supplemento ordinario alla "Gazzetta Ufficiale " n. 25 del 31 gennaio 2004 - serie generale
- Decreto del Ministero delle Attività Produttive e dell'Ambiente e Tutela del Territorio 24/10/2005: "Aggiornamento delle direttive per l'incentivazione dell'energia prodotta da fonti rinnovabili ai sensi dell'articolo 11, comma 5, del decreto legislativo 16 marzo 1999, n. 79" pubblicato nel supplemento ordinario alla "Gazzetta Ufficiale" n. 265 del 14 novembre 2005 - serie generale

- Legge 27/12/2006 n. 296: "Disposizioni per la formazione del bilancio annuale e pluriennale dello stato". (Legge Finanziaria 2007) estratto articolo 1, commi da 1117 a 1120 pubblicato nella "Gazzetta Ufficiale" n. 299 del 27/12/2006 S.O.
- Decreto legislativo 02/02/2007 n. 26: "Attuazione della direttiva 2003/96/CE che ristruttura il quadro comunitario per la tassazione dei prodotti energetici e dell'elettricità" estratto articolo 1 pubblicato nella "Gazzetta Ufficiale" n. 68 del 23/03/2007 S.O. n. 77/L
- Legge 29/11/2007 n. 222: "Conversione in legge, con modificazioni, del decreto-legge 1/10/2007, n.159, recante interventi urgenti in materia economicofinanziaria, per lo sviluppo e l'equità sociale" (Collegato alla Legge Finanziaria 2008), estratto articolo 26 comma 4 – bis pubblicata nella "Gazzetta Ufficiale" n. 279 del 30/11/2007, S. O. n. 249/L
- Decreto del Ministro dello Sviluppo Economico di concerto col Ministro dell'Ambiente e della Tutela del Territorio e del Mare del 21/12/2007: "Approvazione delle procedure per la qualificazione di impianti a fonti rinnovabili e di impianti a idrogeno, celle a combustibile e di cogenerazione abbinata al teleriscaldamento ai fini del rilascio dei certificati verdi" pubblicato nella "Gazzetta Ufficiale" n. 16 del 19/1/2008 S.O. n. 1
- Legge 24/12/2007 n. 244: "Disposizioni per la formazione del bilancio annuale e pluriennale dello stato". (Legge Finanziaria 2008), estratto articolo 2, commi da 27 136 a 161 pubblicata nella "Gazzetta Ufficiale" n. 300 del 28/12/2007 S.O.
- Legge 2/8/2008, n. 129 "Conversione in legge, con modificazioni, del decretolegge 3 giugno 2008, n.97, recante disposizioni urgenti in materia di monitoraggio e trasparenza dei meccanismi di allocazione della spesa pubblica, nonché in materia fiscale e di proroga dei termini", estratto articolo 4-bis, comma 7 pubblicata nella "Gazzetta Ufficiale" n. 180 del 02/08/2008
- Decreto del Ministro dello Sviluppo Economico di concerto col Ministro dell'Ambiente e della Tutela del Territorio e del Mare del 18/12/2008: "Incentivazione della produzione di energia elettrica da fonti rinnovabili, ai sensi dell'articolo 2, comma 150, della legge

24 dicembre 2007, n.244" pubblicato nella "Gazzetta Ufficiale" n. 1 del 02/01/2009 - serie generale
- Legge 30 dicembre 2008, n. 210 "Conversione in legge, con modificazioni, del decreto-legge 6 novembre 2008, n.172 recante misure straordinarie per fronteggiare l'emergenza nel settore dello smaltimento dei rifiuti nella regione Campania, nonché misure urgenti di tutela ambientale" pubblicato nella "Gazzetta Ufficiale" n. 2 del 03/01/2009
- Legge 23/07/2009 n. 99 "Disposizioni per lo sviluppo e l'internazionalizzazione delle imprese, nonché in materia di energia", estratto articoli 27, 30 e 42 pubblicata nella "Gazzetta Ufficiale" n. 176 del 31/07/2009 S.O n.136/L.

Fonte: www.gse.it

Gazzetta uff. serie generale n 150 26/06/2016
Art. 8.
Disposizioni specifiche per gli impianti alimentati da biomassa, biogas, e bioliquidi sostenibili 1. Per gli impianti alimentati da bioliquidi sostenibili, l'accesso ai meccanismi di incentivazione di cui al presente decreto è subordinato al rispetto e alla verifica dei criteri di sostenibilità, da effettuarsi con le modalità di cui all'art. 38 del decreto legislativo n. 28 del 2011. 2. Ai fi ni della verifica dei requisiti di provenienza e tracciabilità della materia prima, si applica quanto disposto dall'art. 8, comma 10, del decreto ministeriale 6 luglio 2012. 3. Ai fi ni della verifica del possesso dei requisiti per l'accesso ai meccanismi incentivanti di cui al presente decreto, qualora venga utilizzata materia prima classificata come rifiuto, il produttore di energia elettrica è tenuto, su richiesta del GSE, a fornire ogni elemento necessario per verificare la natura dei rifiuti utilizzati. 4. Per gli impianti alimentati a biomasse e a biogas, al fine di determinare la tariffa incentivante di riferimento, il GSE identifica, sulla base di quanto riportato nell'autorizzazione alla costruzione e all'esercizio dell'impianto e dichiarato dal produttore con le modalità di cui in allegato 3, da quali delle tipologie di seguito elencate è alimentato l'impianto: a) prodotti di origine biologica di cui alla tabella 1-B; b) sottoprodotti di origine biologica di cui alla tabella 1-A; c) rifiuti per i quali la frazione biodegradabile è determinata forfettariamente con le modalità di cui all'allegato 2 del decreto ministeriale 6 luglio 2012; d) frazione biodegradabile dei rifiuti

non provenienti da raccolta differenziata diversi dalla lettera c) . 5. Nei casi in cui l'autorizzazione di cui al comma 4 non indichi in modo esplicito che l'impianto viene alimentato da una sola delle tipologie ivi indicate, il GSE procede all'individuazione della tariffa incentivante di riferimento secondo le modalità di seguito indicate: a) nel caso in cui l'autorizzazione preveda che l'impianto possa utilizzare più di una tipologia fra quelle di cui al comma 4, attribuisce all'intera produzione la tariffa incentivante di minor valore fra quelle riferibili alle tipologie utilizzate; b) nel caso in cui l'autorizzazione non rechi esplicita indicazione delle tipologie di biomasse utilizzate, attribuisce la tariffa incentivante di minor valore fra quelle delle possibili tipologie di alimentazione dell'impianto; c) per gli impianti a biomasse e biogas di potenza non superiore a 1 MW e nel caso in cui dall'autorizzazione risulti che per l'alimentazione vengono utilizzate biomasse della tipologia di cui alla lettera b) del comma 4, congiuntamente a biomasse rientranti nella tipologia di cui alla lettera a) , con una percentuale di queste ultime non superiore al 30% in peso, il GSE attribuisce all'intera produzione la tariffa incentivante di cui alla lettera b) del medesimo comma 4. 6. La verifica per gli impianti di cui al comma 5, lettera c) è svolta dal Ministero delle politiche agricole alimentari e forestali con la procedura di cui all'art. 8, comma 10, del decreto 6 luglio 2012, che accerta, con riferimento all'anno solare, le quantità di prodotto e sottoprodotto impiegate dal produttore, anche tramite l'effettuazione di controlli a campione. 7. Per gli impianti di cui all'art. 7, comma 1, lettere b) e c), si applica l'art. 8 del decreto ministeriale 6 luglio 2012 e i relativi allegati.

10 BIBLIOGRAFIA

AIEL, 2007 Energia elettrica e calore dal biogas, a cura di Francescato V. e Antonini E.

AA.VV., 2006. "Energia dalle biomasse - Le tecnologie, i vantaggi per i processi produttivi, i valori economici e ambientali". Ed. AREA Science Park - Progetto Novimpresa.

AA.VV., 2002. Biomasse agricole e forestali per uso energetico (Atti convegno 28-29/9/2000). AGRAEditrice, 399 pp.

AA.VV. La filiera del biogas. Regione Marche

AA.VV. Pillole di biogas: il biogas in agricoltura. Veneto agricoltura

Angelini L., Ceccarini L., Bonari E., 1999. "Resa, composizione chimica e valutazione energetica della biomassa di specie erbacee annuali per la produzione di energia". Ed. Bona S.. Atti XXXIII Convegno Annuale Società Italiana di Agronomia. Le colture non alimentari. Legnaro (PD).

APAT, 2006. "Italian Greenhouse Gas Inventory 1990-2004, National Inventory Report, Rapporto 47", Roma www.apat.gov.it/site/_contentfiles/00143300/143306_rapporto_2006_70.pdf.

ANPA e ONR, 2001. I rifiuti del comparto agroalimentare. Studio di settore, Rapporti 11/2001, ANPA - Unità Normativa Tecnica.

ARSIA, 2004. "Le colture dedicate ad uso energetico: il progetto Bioenergy Farm", quaderno 6.

Bizzotto A., Chiumenti R., Vedova A., 1980. "La digestione anaerobica delle deiezioni zootecniche". CLEUP.

Borboni, Giobbi, Maldini, "Informativa sulle Agroenergie", Regione Marche. www.agri.marche.it/Aree%20tematiche/Agroenergie/default.htm, consultato in luglio '09

Canestrale R., Selmi C., 2007. "Energia da biomasse vegetali - analisi della fattibilità tecnico economica. Ed. Il Divulgatore, anno XXX- ½. Pagine. 13-35 in monografia, 74 pp.

Cattaneo E., 2014 La gestione cooperativa degli effluenti: realtà operative Presentazione al convegno Sostenibilità ambientale ed economica nella gestione degli effluenti negli allevamenti di suini. Milano, 9 ottobre 2014.

CRPA, 2008. "Energia da biogas - prodotto da effluenti zootecnici, biomasse dedicate e di scarto". 103 pp

ENEA, 2006. Rapporto energia ambiente 2005.

Decreto Interministeriale n. 5046 del 25 febbraio 2016 Criteri e norme tecniche generali per la disciplina regionale dell'utilizzazione agronomica degli effluenti di allevamento e delle acque reflue, nonché' per la produzione e l'utilizzazione agronomica del digestato. GU Serie Generale n.90 del 18-4-2016 - Suppl. Ordinario n. 9.

Decreto del Ministero dello Sviluppo Economico 6 luglio 2012 Attuazione dell'articolo 24 del Decreto legislativo 3 marzo 2011, n. 28, recante incentivazione della produzione di energia elettrica da impianti a fonti rinnovabili diversi dal fotovoltaico (GU Serie Generale n.159 del 10-7-2012 - Suppl. Ordinario n. 143).

ENAMA, 2013 Le fonti di energia rinnovabile in ambito agricolo. Edizioni ENAMA.

http://www.enama.it/it/pdf/biomasse/quaderni-delle-agroenergie.pdf

Giobbi M., 2007. "Produzione di biogas da biomassa animale e vegetale: ipotesi di realizzazione di un impianto nella Regione Marche", tesi di laurea, Università Politecnica delle Marche.

GHGE, 2014 Modelli di gestione delle aziende zootecniche finalizzati alla riduzione delle emissioni di gas serra e al miglioramento della qualità dell'aria negli allevamenti. Relazione finale del Progetto GreenHouse Gas Emissions (GHGE), Dipartimento di Medicina Animale, Produzioni e Salute (MAPS), Università di Padova.

Guercini S, Bordin A., Rumor C., 2011 Il biogas in agricoltura - Impiantistica e dimensionamento Progetti Tecnologie Procedure 2/2011, Supplemento n. 10/2011 ad Ambiente e Sviluppo. Guercini S., Castelli G., Rumor C., 2014 Vacuum evaporation treatment of digestate: full exploitation of cogeneration heat to process the whole digestate production Water Science and technology 70(3), p. 479-485.

Mazzeo S., 2018, Progettazione ed analisi tecnico-economica di un impianto a digestione anaerobica per la produzione di biometano. Tesi di laurea, Politecnico di Torino.

Navarotto P., 2015 Inizia a emergere il problema della corrosione degli impianti, L'Informatore Agrario n. 29/2015, pp. 32-34.

Proietti S., 2009 Il percorso al biometano Relazione al Convegno Biometano per il trasporto, Prospettive ed esperienze, 28/05/2009,

Legnaro (PD).

Ragazzoni A., 2011 Biogas. Normative e biomasse: le condizioni per fare reddito, edizioni L' Informatore Agrario.

Rossi C., Bientinesi I., 2016. Linee guida per realizzare impianti per la produzione di biogas/biometano "fatti bene". ISAAC.

Regione Marche. La filiera del biogas. Aspetti salienti dello stato dell'arte e prospettive.

Veneto Agricoltura, Settore Bioenergie e Cambiamento Climatico - nell'ambito del Progetto Nitrant 2014.

Siti di riferimento
www.agri.marche.it
www.aiel.cia.it
www.apat.gov.it
www.crpa.it
www.crpv.it
www.cti2000.it
www.eea.europa.eu
www.ecn.nl
www.eurec.be
www.iea.org
www.istat.it
www.ivalsa.cnr.it

www.ingramcontent.com/pod-product-compliance
Lightning Source LLC
Chambersburg PA
CBHW072209170526
45158CB00002BA/513